"十四五"时期国家重点出版物出版专项规划项目
食品科学前沿研究丛书

通风除尘与物料输送

杨庆余　高育哲　主编

科 学 出 版 社

北　京

内 容 简 介

本书系统阐述了工业通风除尘与物料输送领域的基础理论、关键技术和工程实践,旨在为粮食工程、食品工程、环境工程和烟草工程等专业的学生或相关从业人员提供全面的技术参考。全书以"基础理论-装置结构-应用技术"为主线,深入浅出并结合典型示例,涵盖粉尘特性及控制基础知识、除尘器性能及类型、通风除尘设计计算与操作管理、气力输送和物料输送的原理及设备等内容。本书具有理论和实践结合、行业针对性强等特点,对推动智能化和低碳化趋势下的工业生产技术革新具有重要意义。

本书可供食品工程、环境工程、烟草工程等专业的学生或从事相关工作的工程技术人员参考阅读。

图书在版编目(CIP)数据

通风除尘与物料输送 / 杨庆余,高育哲主编. --北京 : 科学出版社,2025.6. --(食品科学前沿研究丛书). -- ISBN 978-7-03-081350-3

Ⅰ. TS208

中国国家版本馆 CIP 数据核字第 20254JB606 号

责任编辑:贾 超 张 莉 / 责任校对:杨 赛
责任印制:徐晓晨 / 封面设计:东方人华

科学出版社 出版
北京东黄城根北街 16 号
邮政编码:100717
http://www.sciencep.com
北京中石油彩色印刷有限责任公司印刷
科学出版社发行 各地新华书店经销
*
2025 年 6 月第 一 版 开本:720 × 1000 1/16
2025 年 6 月第一次印刷 印张:16
字数:320 000
定价:128.00 元
(如有印装质量问题,我社负责调换)

丛书编委会

总主编： 陈　卫

副主编： 路福平

编　委（以姓名汉语拼音为序）：

陈建设　　江　凌　　江连洲　　姜毓君

焦中高　　励建荣　　林　智　　林亲录

刘　龙　　刘慧琳　　刘元法　　卢立新

卢向阳　　木泰华　　聂少平　　牛兴和

汪少芸　　王　静　　王　强　　王书军

文晓巍　　乌日娜　　武爱波　　许文涛

曾新安　　张和平　　郑福平

本书编委会

主　编：杨庆余　　高育哲

主　审：陈　革

副主编：王长远　　沈汪洋　　彭镰心

参　编：闫丛阳　　刘鑫楠　　张炜佳　　王子烨

前　言

在工程上，通风除尘就是有效地组织空气流动，采用合适的设备，控制生产过程中产生的粉尘、水汽等，创造良好的生活环境和生产环境，保护大气环境。物料输送是指气力输送和机械输送这两种粮食工厂常用的物料输送型式。通风除尘与气力输送都是通过对空气性质及其流动规律进行研究，并充分利用其特性来达到控制粉尘和输送物料的目的。而机械输送则是通过机械的方法输送物料。

本书论述了通风除尘与气力输送的基础知识和应用技术、机械输送装置的结构与应用。介绍了粉尘控制基础、除尘器、通风除尘系统的设计计算与操作管理、气力输送、机械输送等内容。本书以基础理论与实际应用相结合为主线，力求简明实用，内容新颖，深入浅出，侧重于实际应用。深入研究和合理应用通风除尘与物料输送技术，对于推动工业生产的绿色化、智能化和高效化具有重要意义。

由于作者水平有限，书中疏漏之处在所难免，敬请读者批评指正。

作　者

2025 年 4 月

目　　录

第 1 章　粉尘控制基础

1.1　粉　尘　概　述

1.1.1　粉尘的来源

空气中的粉尘主要来源于自然过程和人类活动两个方面。自然过程产生的粉尘多具有暂时、局部和偶然等特性，目前人类还无法控制，并会随时间的延续自动消失。人类活动的类型是多种多样的，也是空气中粉尘的主要来源。

粉尘的来源主要集中在以下几种人类活动过程。

1）工农业生产过程

粉尘产生于各种各样的工农业生产过程，如矿山开采、农产品加工、耐火材料厂、水泥厂、纺织厂等各类型的工业企业。在原材料或产品的运输、粉碎、加工以及由各种原料加工制造成品的过程中，常会有大量固体颗粒物扬散或排放到空气中。

工农业生产过程产生的粉尘，主要表现在以下两个方面。

（1）物料的装卸、入仓、包装、运输及筛分、混合过程：此过程产生的粉尘往往称为夹杂性粉尘或伴随性粉尘。

（2）物料的粉碎、研磨过程：此过程产生的粉尘往往称为再生性粉尘，粉尘的性质、用途与加工的物料一致。

2）燃料燃烧过程

燃料燃烧过程指的是各类工业企业以及民用生活燃料的燃烧等。我国能源以煤为主，所以燃料燃烧过程产生的烟尘主要为煤烟尘。燃料燃烧过程还包括物料被加热时产生的蒸气在空气中的凝结和氧化。

3）交通运输

交通运输工具的燃料燃烧后排放的尾气中多含有颗粒污染物，陆地行驶的各种车辆也常常导致地面粉尘的飞扬等。

4）战争

战争引起的爆炸、燃烧，包括核试验等，也是空气中粉尘的来源之一。

空气中的粉尘目前仍以工业企业生产中粉尘的排放为主要来源。因此加强对各类工业企业生产中粉尘的控制力度、粉尘控制技术的进一步改进和管理水平的提高对改善我国大气环境质量十分重要。

1.1.2 粉尘的分类

粉尘可根据多种特征进行分类，目的是从多方面了解粉尘的性质，评价粉尘的危害程度，以便选择合适的粉尘控制技术。

1. 按粉尘的成分分类

（1）无机性粉尘。

粉尘的主要成分为无机物。这类粉尘包括矿物性粉尘、金属性粉尘和人工制造的无机粉尘。

（2）有机性粉尘。

粉尘的主要成分为有机物。这类粉尘包括植物性粉尘、动物性粉尘和人工合成有机粉尘。

（3）混合性粉尘。

混合性粉尘为多种不同类型粉尘的混合物。

2. 按有无毒性分类

（1）有毒性粉尘。

有毒性粉尘如铅尘，含铬、镉、锰的粉尘等，进入人体会产生中毒症状。

（2）无毒性粉尘。

无毒性粉尘如谷物类粉尘、水泥粉尘等。这类粉尘没有毒性但通过呼吸进入人体肺部会导致尘肺病。无毒性粉尘没有毒性，但并不意味着对人体没有危害。

（3）放射性粉尘。

具有放射性的物质产生的粉尘称为放射性粉尘。

3. 按燃烧、爆炸特性分类

（1）燃烧、爆炸性粉尘。

燃烧、爆炸性粉尘指悬浮在空气中达到一定浓度后，遇到火源能急剧燃烧并发生爆炸的粉尘。燃烧、爆炸性粉尘也称为可燃性粉尘。

（2）非燃烧、爆炸性粉尘。

非燃烧、爆炸性粉尘指在正常环境条件下，不会发生燃烧或爆炸现象的粉尘。这类粉尘本身不具备可燃性，或者其物理化学性质决定了在与空气混合后，即使遇到火源、高温或其他能量源，也不会引发燃烧或爆炸反应。

4. 从卫生学角度分类

（1）呼吸性粉尘。

呼吸性粉尘指能随着人体的呼吸过程进入肺泡并沉积在肺泡内的粉尘。这类粉尘粒径一般小于 5μm。

（2）非呼吸性粉尘。

非呼吸性粉尘指不会随着人体的呼吸过程到达肺泡的粉尘。这类粉尘粒径一般大于 5μm。

5. 按粉尘的存在状态分类

（1）浮尘。

浮尘指悬浮在空气中的粉尘，也称为飘尘。

（2）降尘。

降尘指沉积在各种物体表面的粉尘，也称为积尘。

浮尘和降尘可以相互转化。出现浮尘现象意味着空气受到了污染；而出现降尘，意味着含尘空气中的粉尘有所减少，空气得到了一定程度的净化。降尘如果不及时清理，可转化为浮尘污染空气。

1.2　粉尘的危害

粉尘飞扬到空气中，造成了对空气的污染。污染后的空气对人体健康、生产、环境都将产生重要的影响和危害，有些粉尘甚至会发生燃烧和爆炸。

1.2.1　粉尘对人体健康的危害

粉尘对人体健康的危害主要为呼吸系统。一般认为粒径大于 10μm 的粉尘流经上呼吸道时，容易被鼻毛、分泌黏液等阻流，经咳嗽、喷嚏等反射作用而被排出。而粒径小于 5μm 的粉尘则会到达下呼吸道，浸透入肺泡，在肺部沉积，沉积的粉尘逐渐引起肺部组织的纤维化病变以致硬化，最终发生尘肺病，造成呼吸困难。

尘肺病是人体长期吸入某种粉尘而引起的以弥漫性肺间质纤维化为主的疾病。尘肺病的种类多种多样，如硅肺、石棉肺、煤工尘肺、石墨尘肺、炭黑尘肺、滑石尘肺、水泥尘肺、铝尘肺、电焊工尘肺及铸工尘肺等。可见，尘肺病是职业性疾病中影响面最广、危害最严重的一类疾病。

粉尘对人体健康的危害程度与粉尘的性质、粒径大小、空气中粉尘含量以及粉尘在含尘空气中的滞留时间等因素关系密切。

虽然有些粉尘是无毒性的，但经过呼吸系统进入人体之后，对人体都是有危害的。进入人体的粉尘除了通过呼吸系统途径外，还可以通过消化道、皮肤和黏膜进入人体，从而对人体的器官或组织造成危害。

1.2.2　粉尘对生产的影响

粉尘对生产的影响是多方面的。

1. 导致操作环境的恶化

粉尘的形成首先会造成操作环境的能见度下降，使操作工人视力范围缩小，容易造成误操作出现各种事故。

2. 对产品品质的影响

粉尘的形成造成生产环境的恶化，既影响产品的质量、外观，使产品品质下降以致出现不合格品，也影响生产设备的正常运行。

3. 对设备的影响

悬浮在空气中的大粒径粉尘会在设备表面沉积，既影响设备外观，又影响设备的正常散热，加速了设备的锈蚀、老化等，影响设备的使用寿命。

在粮食工业的通风除尘系统中，含有粉尘的空气在管网中流动，对管道、弯头、除尘器，尤其是布袋除尘器的滤布均有磨损作用。含尘气流的粉尘磨损性与气流速度的 2～3 次方成正比，气流速度越高，粉尘对管件或设备内表面的磨损越严重；含尘空气进入通风机、罗茨鼓风机、空气压缩机等动力设备，会加速关键部件的磨损，使设备性能下降，造成维修费用上升以致报废等。

1.2.3　粉尘爆炸

对于有机性粉尘，其最大特性就是能够或容易燃烧并发生爆炸。粉尘爆炸危害十分严重，直接后果是设备、厂房被炸毁，造成人员伤亡和经济损失。

1. 粉尘爆炸及其条件

悬浮于空气中的可燃性粉尘达到一定浓度时，遇到火源发生急剧氧化燃烧反应，同时放出大量的热、气体体积急速膨胀、压力瞬间升高的现象，称为粉尘爆炸。

有机物质能够燃烧，但要达到急剧燃烧，甚至发生爆炸，是有条件的。

一般认为，粉尘发生燃烧爆炸的条件为：足够的可燃性粉尘悬浮到空气中形成一定的粉尘浓度；密闭空间；氧气；火源。

在粉尘发生燃烧爆炸的四个条件中，如果有一个条件不具备，则不可能发生粉尘爆炸。因此，可以从这四个方面入手防止粉尘的燃烧和爆炸。但在预防粉尘燃烧和发生爆炸时，由于设备大多为密闭结构，厂房也是密闭的，而且操作人员还要现场操作、管理设备，因此粉尘燃烧爆炸条件中的密闭空间和有氧气这两个条件普遍存在，无法改变，因而粉尘的防爆一般从降低粉尘浓度和防火两方面进行。

在实际工程中，由于引起粉尘燃烧爆炸的火源型式多种多样，如物料的燃烧、电火花、高温表面、摩擦与撞击产生的热和火花、化学反应热及静电放电等，火源的防范工作极为复杂，难以做到万无一失，因此，粮食工业防止粉尘燃烧爆炸，最有效、最经济、最容易做到的方法是利用通风除尘装置来降低空气的粉尘浓度和对降尘进行及时清扫等。

2. 粉尘爆炸的机理

一般认为，粉尘爆炸的机理是：悬浮于空气中的可燃性粉尘达到燃烧爆炸的粉尘浓度范围时，遇到有足够热量或温度的火源，随即氧化燃烧放出大量的热，引起气体压力的突增和无法控制的膨胀效应，产生第一次爆炸，这次爆炸是在相对封闭状态的容器中如机器内部或房间内进行的。如果粉尘燃烧时产生的高压气体能在密闭体的薄弱部位卸压排出，那么火焰将以高达 1000m/s 的超声速传播扩散，压力可增至 650kPa。强大的冲击波会将积聚在各种表面的降尘扬起，再次达到燃烧爆炸的粉尘浓度范围，造成破坏力更强的二次爆炸并发生连锁反应，产生有毒性气体等。

1.3　粉尘的特性

粉尘的形成过程虽然仅发生了物理变化，但由于粉尘粒径微细，又具有许多不同于母体的特性。粉尘具有形状、粒径、密度和比表面积等四个基本特性，还具有流动性、黏附性、荷电性、燃烧爆炸性、吸湿性等多种特性。

1.3.1　粉尘的物理特性

1. 粉尘的形状

由于粉尘的来源和形成条件千差万别，因而粉尘的形状各种各样。由外部的面或线条组合而呈现的外表构成粉尘的形状。

粉尘的形状分为规则形和不规则形。规则形颗粒表面光滑，比表面积小；不规则形颗粒表面粗糙，比表面积大。

各种形状颗粒中，球形最为规整，且表面积最小，所以常取球形为标准来衡量颗粒的不同形状。球形度 φ 是表示颗粒形状的指标之一，可按式（1-1）计算。

$$球形度\varphi = \frac{与颗粒体积相同的球的表面积}{颗粒的实际表面积} \qquad (1\text{-}1)$$

$\varphi = 1$ 时颗粒为球形，其他形状的粉尘颗粒 φ 值均小于 1。φ 越小，表明颗粒的球形度越差。部分形状颗粒的球形度见表 1-1。

表 1-1　颗粒的球形度

颗粒	φ值
球体	1.0
碎块	0.63
立方体	0.806
石英砂	0.0554～0.6280
煤粉	0.696
薄长片	0.515

2. 粒径

表示粉尘大小的尺寸，称为粉尘的粒径。常用的粒径表示方法有单个尘粒的单一粒径和由不同大小粉尘组成的颗粒群的平均粒径。

1）单一粒径

（1）投影径。

投影径是指尘粒在显微镜下所观察到的粒径。有长径、短径、定向径、面积等分径四种粒径表示方法。图 1-1 所示为粉尘的投影径。

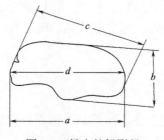

图 1-1　粉尘的投影径

（2）空气动力径。

在静止空气中，粉尘颗粒的沉降速度与密度为 1000kg/m³ 的球形颗粒沉降速度相同时的球形颗粒直径，称为空气动力径。

（3）斯托克斯粒径。

在层流区内（粉尘粒子的雷诺数 $Re<0.2$）的空气动力径即为斯托克斯粒径。

同一粉尘可以采用不同定义的粒径，不同定义的粒径数值不同。一般根据粉尘控制技术的不同要求、不同用途选择粒径表示方法。

2）平均粒径

对于颗粒群体，因其粉尘的组成大小不一，如面粉等，往往采用平均粒径表示粒径大小。

（1）算术平均粒径。

算术平均粒径指用粉尘直径的总和除以粉尘的颗粒数。

（2）几何平均粒径。

几何平均粒径指 N 个粉尘粒径的连乘积的 N 次方根。

（3）筛分粒径。

筛分粒径是用筛分法确定的粉尘粒径，是以粉尘颗粒可以通过的最小筛孔的宽度作为粉尘颗粒的粒径。粒径在 40μm 以上的粉尘可以采用筛分法表示粒径。

3. 粒径分布

粉尘是由各种不同形状、不同粒径的颗粒组成的颗粒群体，为了评价粉尘系统的粒径组成，在除尘技术中常采用粒径分布来表示不同粒径范围内所含的粉尘个数或质量。粒径分布又称为分散度，对应于粉尘的个数或质量，有计数分散度和质量分散度两种表示方法。

粒径分布的表示方法有列表法和图示法。

粉尘的粒径分布可以用于评价其对人体的危害程度、选择合适除尘器的种类以及评价除尘器的性能。

工业上，常将由不同粒径大小颗粒组成的集合体，称为多分散性颗粒；而将由同一粒径大小颗粒组成的集合体，称为单分散性颗粒。粉尘一般属于多分散性颗粒。

在实际工程中，还常按粒径（d_s）大小对粉尘颗粒进行分类：

粗颗粒：$d_s = 50\sim1000$μm；

细颗粒：$d_s = 10\sim50$μm；

微粒：$d_s = 0.1\sim10$μm；

烟雾：$d_s = 0.001\sim0.1$μm。

粒径较大的粗颗粒，具有较高惯性，因此，粗颗粒具有在重力作用下迅速沉降的趋势；而细颗粒则倾向于在空气中保持悬浮。

4. 颗粒的比表面积

比表面积指单位质量粉尘的表面积，用单位 m^2/kg 表示。微细粒径粉尘的重要特征之一就是比表面积大。

$$s_{ss} = \frac{A}{m} \qquad (1\text{-}2)$$

式中，s_{ss}——比表面积，m^2/kg；

　　　A——粉尘的表面积，m^2；

　　　m——粉尘的质量，kg。

粉尘的许多物理、化学性质与其比表面积有很大关系。粒径微细颗粒常常表现出显著的物理和化学活性，如氧化、吸附、溶解、生理效应、催化、燃烧爆炸及毒性等都会因颗粒粒径微细、比表面积大而被加速、增大和加剧。

粉尘的比表面积一般在 $5\sim10^5 m^2/kg$。部分粉尘的比表面积见表1-2。

表 1-2　部分粉尘的比表面积

粉尘	比表面积/（m^2/kg）
细粉尘	10000
水泥粉尘	240
粗粉尘	170
细沙	5

5. 真实密度和堆积密度

由于粉尘是由许多微小颗粒组成的颗粒群体，因而，粉尘的密度有真实密度和堆积密度之分。

1）真实密度

真实密度指在密实堆积状态（粉尘颗粒之间没有任何空隙）下，单位体积粉尘的质量。

2）堆积密度

堆积密度指自然堆积状态下，单位体积粉尘的质量。

在自然堆积状态下，粉尘颗粒之间的空隙体积与粉尘总体积之比称为空隙率。真实密度和堆积密度之间存在以下关系：

$$\rho_s = (1 - \varepsilon)\rho_s' \qquad (1\text{-}3)$$

式中，ρ_s'——真实密度，kg/m^3；

　　ρ_s——堆积密度，kg/m^3；

　　ε——空隙率。

对于一种粉尘，其真实密度是定值，而堆积密度则会随堆积状况、空隙率大小而变化。

真实密度对于设计除尘器有重要意义。在设计料斗、存仓、输送设备时应按堆积密度进行设计计算。

6. 粉尘的黏附性和凝聚性

粉尘黏附在物体表面或粉尘之间相互附着的现象，称为黏附性。

产生黏附的原因可以归结为黏附力的存在，但实际影响黏附现象的因素很多，机理很复杂。粉尘的主要黏附力有范德瓦耳斯力、静电引力和毛细管力。一般认为，粉尘粒径越小、含水率越高、带电性越显著，黏附性越高。

黏附性的存在有利于粉尘的捕集，但往往带来的危害更多：难以输送、堵塞管道和筛孔、滤布难以清灰等。

微细粉尘相互接触而结合成较大颗粒的性质，称为粉尘的凝聚性。粉尘因凝聚而粒径增大，更易于捕捉，因此，粉尘的凝聚性对粉尘的净化具有重要意义。

粉尘可以在重力、离心力、电场力、磁场力等外力作用下凝聚，可在声场或超声波作用下凝聚，可在布朗运动中凝聚，也可在具有速度梯度的气流中凝聚。

7. 粉尘的流动性

粉尘的流动性，是指粉尘全部或部分发生相对位置变化的特性。粉尘的流动现象是粉尘的动力学性质之一。

使静止的粉尘产生流动性，必须对其施加一定的能克服粉尘黏附力的外力。影响粉尘流动性的因素有粉尘的形状、表面特征、粒径大小及相对湿度等。

评价粉尘流动性的指标有粉尘的静止角、滑动角等。

粉尘从一定高度的漏斗中连续落到一水平板上，堆积成圆锥体，圆锥体的母线与水平面的夹角称为粉尘的静止角，也称为安置角、堆积角、安息角等。

可以根据粉尘的静止角大小将粉尘的流动性分为好、中、差三类。静止角＜30°的粉尘，其流动性最好；静止角为 30°～45°的粉尘，其流动性中等；静止角＞45°的粉尘，其流动性差。粉尘的静止角一般为 35°～50°。

一般来讲，粉尘粒径越小，粉尘间黏附性增强，静止角增大，流动性变差；空气的相对湿度越大，粉尘表面的吸附水量越多，导致粉尘间的黏附性增强，粉尘流动性变差；粉尘的形状倾向于非球形和颗粒表面越粗糙，粉尘的静止角增大，流动性变差。

　　将粉尘置于倾斜的板上，粉尘在倾斜的板上开始滑动时的倾斜角称为粉尘的滑动角。滑动角表示的是粉尘与壁面的摩擦特性。粉尘的滑动角一般为 40°～55°。粉尘全部滑落时的滑动角通常比开始滑动时的角度大 10°以上。由于粉尘的黏附性，粉尘的滑动角也可能大于 90°。可通过对粉尘施加振动、通入空气等方法增大粉尘的流动性。粉尘的流动性是确定粉尘料仓排料锥斗、溜管等装置倾斜角的依据。

8. 粉尘的荷电性和比电阻

　　在粉尘形成和运动的过程中，粉尘之间的相互摩擦、碰撞、放射线照射、接触带电体等导致其带有一定电荷的性质称为粉尘的荷电性。

　　粉尘的荷电性可改变粉尘的某些物理性质，如黏附性、凝聚性和在空气中的沉降速度，这些性质有利于粉尘的捕集、控制和除尘，如电除尘器就是利用粉尘的荷电性除尘的。

　　粉尘的荷电性带来的危害性更大。微细粒径粉尘的带电性增加了粉尘在人体呼吸道和肺部的沉积；给布袋除尘器的清灰带来困难；粉尘荷电性带来的黏附性还会降低粉尘流动性和引起堵塞事故；更重要的是，粉尘的荷电性还是粉尘燃烧和爆炸最危险的潜在隐患。

　　粉尘的导电性能常用比电阻表示。厚度为 1cm，面积为 $1cm^2$ 的粉尘层所具有的电阻值，称为粉尘的比电阻，单位为 $\Omega \cdot cm$。

　　粉尘的比电阻与空气的温度、湿度、化学杂质含量等有关，一般在温度 150～200℃时比电阻会出现最大值。粉尘的比电阻在 10^4～$10^{10}\Omega \cdot cm$ 时，可以利用电除尘器进行净化。

9. 粉尘的燃烧性和爆炸性

　　粉尘的燃烧性和爆炸性实质是指可燃粉尘发生剧烈氧化作用，在瞬间产生大量的热量和燃烧产物，在有限空间造成很高的温度和压力，属于化学爆炸。

　　粉尘的粒径小、总表面积大，因而粉尘系统的自由表面能增加，提高了粉尘的化学活性，尤其提高了粉尘的氧化产热能力。所以粉尘的分散度对燃烧性和爆炸性有很大影响，大颗粒粉尘或物料不可能爆炸。一般粉尘分散度高，燃烧发火温度将降低。

　　粉尘爆炸要求粉尘有一定的浓度，这一界限浓度称为爆炸的下限。爆炸下限与粉尘粒径、种类、水分、通风情况、火源强度等因素有关。部分可燃性粉尘的爆炸下限见表 1-3。

表 1-3　部分可燃性粉尘的爆炸下限

粉尘名称	爆炸下限/（g/m³）
小麦粉	60
亚麻粉尘	16.7
糖粉	103
烟草粉尘	32.8
染料粉尘	270
煤粉	114.8
铝粉	58
咖啡粉	42.8
奶粉	7.6
玉米粉	45

根据粉尘的燃烧性和危险性可以将粉尘的爆炸性分为四类：

Ⅰ类：爆炸危害性最大的粉尘，爆炸的下限浓度小于 15g/m³，如松香、胶木粉、砂糖等。

Ⅱ类：有爆炸危险的粉尘，爆炸的下限浓度为 16～65g/m³，如面粉、淀粉、亚麻粉尘、铝粉等。

Ⅲ类：火灾危害性最大的粉尘，燃烧发火浓度高于 65g/m³，自燃温度低于 250℃，如烟草粉尘等。

Ⅳ类：有火灾危害性的粉尘，燃烧发火浓度高于 65g/m³，自燃温度高于 250℃，如锯末粉尘等。

10. 粉尘的吸湿性

粉尘吸收空气中水分，增加了粉尘的含湿量，称为粉尘的吸湿性或亲水性。能够吸收空气中水分或溶解于水的粉尘，称为吸湿性粉尘。

吸湿性粉尘湿度增加后，能增加粉尘的黏附性、凝聚性，有利于捕捉微细粒径粉尘，但同时也会造成布袋除尘器滤布清灰的困难和粉尘流动性变差。

粉尘湿度增加能降低粉尘荷电性和流动性。

粉尘颗粒形状越不规则、粒径越小、表面有离子键等其吸湿性越好。粉尘的吸湿性还受温度、压力、含水率等影响。湿式除尘器的除尘机理就是利用了粉尘的吸湿性。

11. 粉尘的磨损性

粉尘的磨损性是指粉尘在流动过程中对固体边壁的磨损性能。

粉尘的磨损性与粉尘的形状、硬度、大小、密度等因素密切相关。表面具有锐沿棱角的粉尘比表面光滑的粉尘磨损性大；粒径大的粉尘比粒径小的粉尘磨损性大。

粉尘对通风管道的磨损性与气流速度的 2～3 次方成正比，在高速气流下，粉尘对管壁的磨损尤为严重。气流中粉尘含量高，磨损性也大。

为了减轻粉尘的磨损，延长设备或管道寿命，应选取合适的气流速度、合适材料与壁厚的管道。对于易磨损部位，应安装耐磨内衬或特殊结构等。

1.3.2　粉尘的空气力学特性

粉尘飞扬到空气中的运动状况和对粉尘的控制都与粉尘的空气动力学特性密切相关。

粉尘的空气力学特性主要指粉尘的阻力系数、沉降速度和悬浮速度。

1. 气流对颗粒的阻力

气流绕过固体外围做相对运动称为绕流运动，如粉尘颗粒在空气中的沉降、空气绕过烟囱的流动、飞机的飞行等。在发生绕流运动时，气流对绕流物体存在着作用力，此力在平行于来流方向上的分力称为绕流阻力；在垂直于来流方向上的分力称为升力。

绕流阻力的形成与附面层的形成和分离关系密切。当具有一定流速的气流绕过某物体时，由于气体的黏滞性作用，贴近物体表面的气流质点受到阻滞作用流速下降，越接近物体表面，流速下降越多。将物体表面从气流流速接近于零增加到绕流前流速值 99% 的气流层厚度，称为附面层。显然，气流绕过物体流动时，物体表面的气流分为两个区域，一个是具有流速梯度的区域，即附面层；另一个是附面层以外的没有速度梯度的主流区。因此发生绕流时流动阻力主要是产生于附面层内的摩擦阻力。

当气流绕离物体时，由于物体边界的消失，尤其在减速增压这种边界情况下，因为物体表面的气流速度趋于零，而且向前流动流速下降、压力升高，这时就会出现气流与物体边界发生脱离并由此造成旋涡，从而产生能量损失，此即发生附面层的分离形成的阻力，同样属于绕流阻力。

绕流阻力的表达式为

$$F_r = CA \frac{\rho_a}{2} u^2 \tag{1-4}$$

式中，F_r——绕流阻力，Pa；

　　　u——颗粒与气流之间的相对速度（如果空气是静止的，u 为颗粒的速

度）, m/s;

A——颗粒在垂直于气流方向平面上的投影面积（球形颗粒时，$A = \dfrac{\pi}{4} d_s^2$）, m²;

ρ_a——空气密度, kg/m³;

C——阻力系数。

式（1-4）表明，对于一定的颗粒，绕流阻力的大小与颗粒和气流之间相对速度的平方成正比。式（1-4）还可以写成

$$C = \frac{F_r}{A \dfrac{\rho_a}{2} u^2} = \frac{8F_r}{\pi \rho_a u^2 d_s^2} \tag{1-5}$$

式（1-5）表明阻力系数 C 与粉尘的粒径大小 d_s、相对速度 u 及气体性质有关。所以，阻力系数 C 反映了颗粒在空气中运动的空气动力学性质。

2. 沉降速度

在边界无限的静止空气中，颗粒在浮重（即重力与浮力之差）的作用下自由下落。

随着下落速度的逐渐增大，颗粒受到的空气阻力 F 也逐渐增大，最后当下落速度达到某一数值 u_f 时阻力与浮重相等，此时颗粒就以这一速度做恒速沉降，恒定速度 u_f 就称为颗粒的沉降速度。

对于直径为 d_s 的球形颗粒，在空气中的浮重为

$$W_s = \frac{\pi}{6} d_s^3 (\rho_s - \rho_a) g \tag{1-6}$$

设颗粒的沉降速度为 u_f，则颗粒受到的空气阻力为

$$F_r = CA \frac{\rho_a}{2} u_f^2 \tag{1-7}$$

物料在静止空气中处于等速沉降状态时，满足 $F_r = W_s$，即

$$\frac{\pi}{6} d_s^3 (\rho_s - \rho_a) g = CA \frac{\rho_a}{2} u_f^2 \tag{1-8}$$

从而解得沉降速度:

$$u_f = \sqrt{\frac{4g d_s (\rho_s - \rho_a)}{3C \rho_a}} = 3.62 \sqrt{\frac{d_s (\rho_s - \rho_a)}{C \rho_a}} \tag{1-9}$$

式中，u_f——球形颗粒沉降速度，m/s；

d_s——球形颗粒直径，m；

ρ_s——颗粒密度，kg/m^3。

3. 悬浮速度

将某一物料颗粒置于垂直向上的气流中，如果气流的速度小于颗粒的沉降速度，则颗粒沉降；如果气流的速度大于颗粒的沉降速度，则颗粒将随着气流上升；如果气流的速度等于颗粒沉降速度，颗粒则处在某一位置上既不上升也不下降，呈悬浮状态，此时的气流速度称为该颗粒的悬浮速度。

显然，在颗粒处于悬浮状态时，满足力学关系式：$F_r = W_s$，所以，悬浮速度与沉降速度在数值上是相等的，但意义不同。

在研究悬浮速度时，是向上运动的气流的作用力使颗粒处于悬浮状态，所以气流对颗粒的绕流阻力 F_r 也称为空气动力。

当气流的速度大于颗粒的悬浮速度时，颗粒将随着气流上升，实质上即达到了气流输送粉尘的功能，因此，悬浮速度是粉尘控制技术的重要参数。

式（1-9）为单颗粒物料悬浮速度的理论计算公式。它表明，颗粒直径 d_s 和颗粒的真实密度 ρ_s 越大，即颗粒较大和较重时，颗粒的悬浮速度大，意味着需要较高的气流速度。

阻力系数 C 是计算颗粒悬浮速度的关键参数，一般由实验方法求得，它是雷诺数 Re 的函数，即

$$C = \frac{a}{Re^k} \tag{1-10}$$

式（1-10）中，a 和 k 的值按雷诺数 Re 的大小选定。

当 $Re < 1$ 时，称为斯托克斯区，$a = 24$，$k = 1$，则

$$C = \frac{24}{Re} \tag{1-11}$$

当 $1 \leqslant Re \leqslant 500$ 时，称为奥仑区，$a = 10$，$k = 0.5$，则

$$C = \frac{24}{Re^{0.5}} \tag{1-12}$$

当 $500 < Re \leqslant 2 \times 10^5$ 时，称为牛顿区，$a = 0.44$，$k = 0$，则

$$C = 0.44 \tag{1-13}$$

在除尘风网中，粉尘与气流的相对运动状态一般都处在 $Re \leqslant 1$ 的范围内，所

以由式（1-9）、式（1-10）、式（1-11）得

$$u_f = \frac{g(\rho_s - \rho_a)d_s^2}{18u} \tag{1-14}$$

在通风工程上，一般 $\rho_s \gg \rho_a$，式（1-14）可简化为

$$u_f = \frac{g\rho_s d_s^2}{18u} \tag{1-15}$$

飞扬到空气中的微细粒径粉尘，由于质量小，很容易达到力的平衡，在空气中不易沉降，可以长时间悬浮于空气中。粉尘在空气中长时间悬浮的特性，称为粉尘的悬浮性。一般来讲，在静止空气中，粒径大于 10μm 的粉尘呈加速沉降的特性；粒径在 0.1～10μm 的粉尘呈等速沉降特性；粒径小于 0.1μm 的粉尘具有基本不沉降的特性。粉尘的悬浮特性，加剧了空气污染的长期性。

在实际工程中，由于颗粒的形状、有限空间边壁（如管道）的影响，以及管道中颗粒与颗粒之间和颗粒与管壁之间的碰撞、摩擦以及管道有效截面的减小，颗粒群的悬浮速度要比单颗粒的悬浮速度小，而这些因素在理论计算中又难于全面考虑，因此，对于颗粒群的悬浮速度大多通过实验测出。部分粉尘颗粒的悬浮速度见表 1-4。

表 1-4　部分粉尘颗粒的悬浮速度

物料名称	悬浮速度/（m/s）
面粉	1.5～2.0
麦壳、碎麦皮	0.6～3.9
面粉次粉	1.5～3.0
粗麸皮	2.5～3.5
细麸皮	1.5～3.5
滑石粉	0.5～0.8
水泥	0.22
玉米淀粉	1.5～1.8
玉米皮	2～4
米糠	2～3

1.4　粮食工业粉尘的产生及特点

1.4.1　粮食工业生产的特点

粮食工业粉尘的产生，与其原料、生产工艺、加工设备和产品类型等因素密切相关。

1. 原料特点

粮食工业是对粮食进行加工和生产的行业的总称。粮食工业加工的对象——原料，都是散状农产品物料，而且属于有机物。

在我国，由于农业机械化程度低，在原粮的收获、干燥、运输、仓储等环节中常会有各种各样的杂质混入。在原粮收获时，粮食中总还含有原粮的细碎颗粒和未除净的壳类等物质，这类杂质是极易飞扬的污染性物质。

粮食属于有机物质，在加工过程中经过输送设备和加工设备时，粮粒表面由于与管道、设备的摩擦、碰撞等，总会有表皮、麦毛或稻芒等的脱落，不断产生新的微细粉尘飞扬到空气中污染空气。而且粮粒表面和沟槽中也往往黏附了很多粉尘，在清理加工中也会随粮粒表皮的脱落而形成新的粉尘。

因此，原粮的特性决定了粮食加工过程中粉尘的产生是不可避免的。

2. 生产特点

在粮食加工过程中，由于原粮及其所含杂质特性和最终加工产品的要求，其加工过程均含有输送、清理（筛分）、入仓、研磨或粉碎、包装等工序，最终产品呈粉状或颗粒状。粮食加工中的每一台设备既是加工设备又是扬尘设备(尘源)，可以说，在粮食的输送、清理和加工过程中均会产生粉尘。因此，粉尘控制与粮食加工同等重要。在粮食加工中，如果没有良好的粉尘控制装置、设施，粮食加工很难正常、安全进行。

1.4.2　粮食工业粉尘的爆炸特性

粮食工业产生的粉尘主要成分属于有机物，没有毒性，但可以随着人体的呼吸作用吸入人体肺部，因而对健康是有危害的。其次粮食工业产生的粉尘严重影响生产环境和操作环境，但其中最显著、最大的潜在危害就是其燃烧爆炸特性。

1785 年，意大利都灵的一家面粉厂发生粉尘爆炸，揭开了世界粮食工业粉尘爆炸的序幕。

在我国，粮食工业粉尘爆炸的发生也屡见不鲜。1965 年，北京一家面粉厂发生了粉尘爆炸事故，导致磨粉机磨门被炸飞，火焰蔓延至五楼，管道、除尘器等设备被烧得通红。最引起人们注意的是 1981 年 12 月 10 日广州某港口散粮立筒库发生粉尘爆炸，强大的气流压力和冲击波，使仓顶盖板和仓顶层的围墙、屋面和设备被炸毁，造成 7 名工人受伤。2002 年 1 月上海松江的一家饲料加工厂发生粉尘爆炸，导致 8 人受伤。

为了加强对粮食工业粉尘爆炸的认识，搞好粉尘控制技术和管理工作，我国对粮食工业粉尘的治理在相关标准、规范中均有详细规定。

在《粮食加工、储运系统粉尘防爆安全规程》（GB 17440—2008）中，将粮食粉尘按爆炸性危险程度划分为 10 区、11 区和非爆炸性危险区。具体的粉尘爆炸性危险区域划分见表 1-5。

表 1-5　粮食粉尘爆炸性危险区域划分

粉尘环境		10 区	11 区	非爆炸性危险区
碾磨间			√	
打包间			√	
清理间			√	
大米厂砻糠间		√		
配粉间			√	
饲料加工车间			√	
面粉散存仓		√		
立筒仓内		√		
立筒库工作塔及筒上层、筒下层			√	（溜管层）√
敞开式输送廊道			√	
地下输送廊道			√	
地上封闭式输送廊道			√	
散装粮储存用房式仓				
包装粮储存用房式仓				√
成品库				√
楼梯间	有墙、弹簧门与 10 区、11 区隔离			√
	敞开			√
灰间		√		
封闭式设备内部		√		
控制室	有墙、弹簧门与 10 区、11 区隔离			√
	独立建筑			√

粮食加工厂粉尘特性见表 1-6。

表 1-6　粮食加工厂粉尘特性

粉尘名称	温度组别	高温表面堆积粉尘层（5mm）的引燃温度/℃	粉尘云的引燃温度/℃	爆炸下限浓度/（g/m³）	粉尘平均粒径/μm	危险性质
裸小麦		325	415	67～93	20～50	
裸麦谷物粉（未处理）		305	430	—	50～100	
裸麦筛落粉（粉碎品）	T11	305	415	—	30～40	
小麦粉		炭化	410	—	20～40	
小麦谷物粉		290	420	—	15～30	
小麦筛落粉（粉碎品）		290	410	—	3～5	
乌麦、大麦谷物粉		270	440	—	50～150	
筛米糠		270	420	—	50～100	
玉米淀粉		炭化	410	—	2～30	
马铃薯淀粉	T12	炭化	430	—	60～80	可燃性非导电性粉尘
布丁粉		炭化	395	—	10～20	
糊精粉		炭化	400	71～99	20～30	
砂糖粉		熔融	360	77～107	20～40	
乳糖粉		熔融	450	83～115	—	

1.4.3　粮食工业粉尘的产生

微细颗粒物料离开物料主流而悬浮于周围空气中的过程，称为粉尘的尘化。粉尘的产生过程或含尘空气的形成过程常称为粉尘的尘化过程。

1. 粉尘飞扬的主要动力

悬浮于空气中的粉尘，粗颗粒粉尘倾向于沉降，即在空气中停留的时间短，而细颗粒粉尘则倾向于随气流运动。分析表明：粉尘的运动主要受室内气流支配和控制而非机械力、重力、分子扩散力等影响；微细粒径粉尘实际上没有在空气中独立运动的能力，控制它们的运动就是控制气流的运动。控制了空气的流动也就控制了粉尘的运动。

一般认为，粉尘的尘化是连续两种作用共同作用的结果：一次尘化作用形成局部含尘空气；二次扩散作用使得局部含尘空气被扬起并带走。一次尘化即一次污染，主要指物料中的粉尘或微细颗粒离开物料主流的飞扬过程。

二次扩散即一次尘化形成的局部或小范围污染空气扩散到更大范围的过程。

2.在粮食加工企业中一次尘化包的作用

1）诱导空气造成的尘化作用

散状物料在管道或设备内高速流动时，能带动周围的空气随其运动，这部分运动的空气称为诱导空气。诱导空气具有较高的速度，极容易将物料中的微细颗粒带出。

另外，物料下落时诱导大量空气在设备内部聚集，形成了正压气流，从而造成设备内外的压力差，于是设备内具有一定正压的含尘气流就从设备缝隙逸出。

2）剪切、挤压等造成的尘化作用

物料从高处沉降时，物料与空气之间存在着剪切、挤压作用，使物料中的细颗粒飞扬到周围空气中。

3）物料与空气的置换作用

物料入仓或进入料斗时，必将置换出同体积的空气，这些空气具有一定的速度，能带走物料中的微细粉尘。

4）无规则通风射流的尘化作用

门窗、通风管道的漏缝或某些设备的缝隙向外喷射出的无规则射流也是粉尘飞扬的动力之一。

实质上，物料中微细粒径颗粒的扬出往往是上述几种综合作用的结果。

3.二次扩散

二次扩散主要指二次气流的作用，二次气流是区别于粉尘尘化气流的。粉尘尘化的气流即一次气流是伴随生产过程产生的，是与物料流动紧密相关的；而二次气流是与物料的运动无关的，属于外来的，如室内流动空气、设备的振动等原因造成的空气流动，人员行走形成的流动空气均属于二次气流。

二次气流的速度和方向决定着粉尘扩散的快慢、方向和范围的大小。二次气流速度越大，扩散作用越明显。二次扩散进一步使粉尘扩散，范围变得更大，即对一次尘化起到推波助澜作用。

总之，粉尘总是依附于气流而运动的，即粉尘的尘化和传播。对粉尘的控制，就是控制气流：减弱和控制一次尘化气流，消除和隔断二次扩散气流，有目的地组织有效空气流动，实现粉尘控制。

4.二次污染

由于自然沉降过程降落到各种表面上的粉尘，或者通过粉尘控制装置捕捉到的粉尘再次飞扬到空气中的过程，称为二次污染。二次污染显然不同于二次扩散。

二次污染的形成机理实质上是一次尘化和二次扩散的恶性循环，是应当避免的。二次污染的形成反映了粉尘控制系统中粉尘收集装置的缺陷以及生产管理的漏洞。

在粮食加工企业，粉尘的二次污染物来源主要为降尘（积尘、落尘），其次为通过粉尘控制装置已收集的粉尘。降尘是发生粉尘爆炸最严重的潜在隐患。沉降到设备、管道、墙壁等各种表面的降尘也会影响车间的美观和卫生状况。

通风除尘装置中除尘器分离出的粉尘的收集应该采用专门的输送设备和打包技术，避免二次污染的发生。

1.5　粉尘的捕捉

混杂在粮食中的沙土细碎皮层、壳类杂质及细屑，在粮食的流动和加工过程中容易飞扬到空气中，成为空气的污染物质，是通风除尘系统捕捉的对象。在通风除尘系统中，捕捉、收集粉尘或含尘气流的技术称为粉尘的捕捉技术。

粉尘的捕捉方式可以分为两种显著不同的方式：被动式粉尘捕捉方式和主动式粉尘捕捉方式。

被动式粉尘捕捉方式即传统的吸尘罩型式，是将粉尘作为谷物清理时的空气污染物进行控制的方法。这种粉尘捕捉方式的效果好坏完全依赖于吸尘罩和尘源间的配合，主要表现在吸尘罩是否具有合适的吸风量。合适的吸风量既能保证吸尘罩恰好捕捉住刚刚形成的含尘空气，又能节省风量而降低风机的能耗。

主动式粉尘捕捉方式，是将粉尘当作谷物中的一类杂质而在清理工艺中采取的粉尘分离方法。它利用一定的吸风量，通过有目的地组织空气流动，利用由此作用于物料所产生的空气动力，捕捉谷物中易于飞扬的轻杂。主动式粉尘捕捉方式采用的装置主要为各种型式的气流分离设备，即风选器，风选器对于粮食中夹杂性粉尘的分离、捕捉尤其有效。

1.5.1　被动式粉尘捕捉方式

1. 被动式粉尘捕捉方式的原理

被动式粉尘捕捉方式，是通过吸尘罩一定风量的抽吸作用使距吸尘罩口一定距离的范围内，产生合适的空气流动速度，从而将该范围内飞扬的粉尘吸入罩内，如图 1-2 所示。

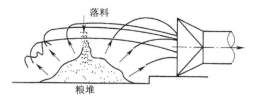

图 1-2　被动式粉尘捕捉方式的原理

1）点汇吸气口

假设在边界无限的空间中有一点汇吸气口，则其吸风量为

$$Q = 4\pi r^2 v \qquad (1\text{-}16)$$

式中，Q——点汇吸气口吸风量；

　　　r——截面与点汇吸气口的距离；

　　　v——截面与点汇吸气口的距离为 r 的截面上的气流速度。

点汇吸气口在吸气时，因为周围在任何方向上的空气均有相等的进入吸气口的机会，因而向点汇吸气口流动的空气速度相等的各点的轨迹是一个球面。

若以点汇吸气口为中心，任取两截面，其与点汇吸气口的距离分别为 r_1、r_2，两截面上的空气流速分别为 v_1、v_2，则

$$Q = 4\pi r_1^2 v_1 = 4\pi r_2^2 v_2 \qquad (1\text{-}17)$$

式（1-16）和式（1-17）表明，吸风量一定时，点汇吸气口外某截面上的空气流速与该截面到点汇吸气口距离的平方成反比，即随着距吸气口距离的增加，截面上的气流速度将迅速衰减；如果某截面与点汇吸气口的距离增大一倍，要求风速不变，则吸风量需要增大至原来的 4 倍。

点汇吸气口的气流速度分布规律表明，利用进气口附近的流动空气去捕捉距进气口比较远的某点上的粉尘是非常困难的。从理论上讲只要增大吸风量，就能使距进气口某点上的空气流动速度增大以影响该点上的粉尘飞扬并将粉尘捕捉。而在实际生产中，吸风量的增大是有限的，并且增大的吸风量受实际装置的影响很难实现使较远处某点上空气流速真正有所增大。

2）安装有挡边的点汇吸气口

假设点汇吸气口安装有挡边，挡边所在截面通过点汇吸气口中心，即挡边的一侧为吸气口，另一侧为吸风管道，且挡边无限大，此时吸气口的吸风量为

$$Q = \frac{1}{2} \times 4\pi r^2 v \qquad (1\text{-}18)$$

式（1-18）表明，安装挡边的点汇吸气口比没有挡边的吸气口节省一半吸风量；或者在一定的吸风量下，在同样距离的截面上形成的气流速度，有挡边的比无挡边的高一倍。

图1-3、图1-4是直径为 D 的圆形管道进风口无挡边和有挡边时的实测速度分布图。

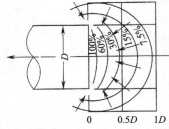   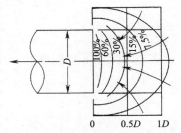

图1-3   无挡边圆形进风口气流速度分布图   图1-4   有挡边圆形进风口气流速度分布图

图1-3表明，在距进风口1.0倍管道直径处，空气流动速度接近于零，这意味着距进风口1.0倍管道直径以外区域内的粉尘，将不受吸气口气流的影响。

而图1-4表明，进风口加挡边后，进风口处的气流作用区域有所增大。

2. 吸尘罩的设计

实际工程上，点汇吸气口是不存在的，因为尘源不是一个点而是一台设备或落料区，有一定的体积，并且尘源的型式多种多样，但随着距吸气口距离的增加，气流速度的衰减规律是相同的；根据点汇吸气口的空气流动规律，被动式粉尘捕捉装置即吸尘罩的设计必须遵循以下原则。

1）实际吸尘罩的设计原则

（1）尽量设计成密闭的吸尘罩。既能阻挡粉尘从尘源设备或装置向外逸出，又节省吸风量。

（2）吸尘罩应尽可能靠近尘源。吸尘罩只有距尘源近，才能使罩口附近具有较高速度的气流作用到粉尘上并将粉尘捕捉。

（3）吸尘罩罩口应对着粉尘的飞扬方向。罩口附近的空气流动方向与粉尘的飞扬方向一致，使得粉尘的捕捉更为容易。

（4）足够的吸风量。足够的吸风量实质表现在能够在罩口附近造成合适的或足够的气流速度，能将粉尘收集走而无粉尘逸出。合适的罩口风速，一般对于颗粒原料，速度为3～5m/s；对于粉状物料，速度不超过3m/s。但无论气流速度是高还是低，以不吸走原料为基准。

（5）吸尘罩的收缩角应尽可能小。罩内气流速度分布均匀，流动阻力低。

（6）吸尘罩不妨碍尘源设备的操作、检修且吸风罩坚固耐用。

2）吸尘罩的形状

吸尘罩的形状多种多样，但一般都是在两种最基本的型式上变化，分别如图 1-5、图 1-6 所示。一种基本型式是"方变圆"型式（即变形管型式），"方"为方形的吸尘罩罩口，"圆"为收缩之后和管道连接的圆形接口；第二种基本型式是"圆变圆"型式（变径管型式），即罩口、管道连接口均为圆形。

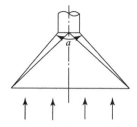
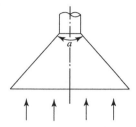

图 1-5　"方变圆"型式的吸尘罩　　　　图 1-6　"圆变圆"型式的吸尘罩

根据吸尘罩与尘源设备或扬尘机构的连接状况，吸尘罩可以分为完全密闭吸尘罩和敞口吸尘罩（又称外部吸尘罩）两种类型。完全密闭罩即将尘源完全密闭，尘源被限制在一密闭空间内，既阻止了粉尘飞扬，又节省吸风量。然而由于有些尘源设备有进料、排料的限制，而且还要进行频繁的操作、检修等，生产中这部分尘源设备往往采用敞口形吸尘罩，如小麦加工厂下粮坑吸尘罩。图 1-7、图 1-8 分别为两种吸尘罩示意图。

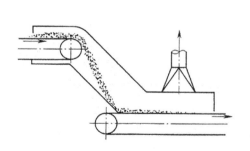
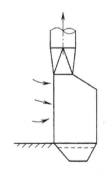

图 1-7　完全密闭型式的吸尘罩示意图　　　图 1-8　敞口形吸尘罩示意图

3. 吸尘罩吸风量的理论计算

吸风量的确定是以将罩口附近或包含在罩内的粉尘完全吸走并造成罩内有一定的真空度的空气量为依据。在大多数情况下，吸尘罩的吸风量由进入罩内的诱导空气量和从尘源设备缝隙进入吸尘罩的空气量两部分组成。即

$$Q = Q_1 + Q_2 \tag{1-19}$$

式中，Q——吸尘罩的吸风量；

　　Q_1——流动的物料或运转的设备部件产生的诱导空气量；

　　Q_2——从尘源设备缝隙进入吸尘罩的空气量。

物料流动引起的诱导空气量与物料的性质、流量、落差、溜管的倾角和形状等因素有关。从尘源设备缝隙进入吸尘罩的空气量与设备缝隙等密封情况有关，而这两方面的风量目前均无法准确计算。实际吸尘罩的吸风量常常估算或现场调试得出。

　　4. 实际工程上吸尘罩吸风量及其阻力的确定

尘源或尘源设备吸尘罩的吸风量，是进行粉尘捕捉和控制的一个重要且关键的参数。对尘源采用较高的吸风量，能满足粉尘收集和控制的需要，但往往容易造成通风管道直径粗大，除尘器、风机规格偏大使除尘风网规模庞大，不但造成车间拥挤，而且造价高、运行能耗高；较低的吸风量则达不到粉尘飞扬控制的需要。

实际工程上吸尘罩吸风量的确定，应结合加工原料的特性，主要是原料中易飞扬性轻杂的含量多少；其次是了解尘源设备的扬尘特性，如是否为容易扬尘结构，容易扬尘，吸风量可以选大些。因为粮食加工企业的原料来源于不同地区且变化频繁、含杂特性变化大等因素，吸尘罩式的吸风量常常需要根据尘源设备技术参数的特性和实践经验共同确定。

吸尘罩的阻力是除尘风网系统中总阻力的一部分，因为风网系统中的风量都是通过设在尘源上的吸尘罩进入的。尘源设备一定的吸风量，对应空气流动时产生一定的能量损失。在确定尘源设备的吸风量时，应同时确定尘源设备的阻力。

本书附录十一、十二是粮食加工厂、仓库部分工艺设备的吸风量和压力损失的参考值。

1.5.2　主动式粉尘捕捉方式

主动式粉尘捕捉方式是在粮食的清理工艺流程中作为一道粉尘清理工艺设备，对原料中的粉尘等易飞扬性轻杂进行分离和收集

　　1. 主动式粉尘捕捉方式的原理

　　1）组织气流作用于物料

主动式粉尘捕捉方式设备的结构，一般设计成使物料在流动时，形成具有稳定厚度、宽度以及来料均匀的物料层；其次，使具有一定速度的气流作用于或穿过物料层。由于气流的空气动力作用，只带走物料中的微细轻杂，而原料则在重力作用下流出设备。

2）气流速度的选取

根据粉尘和谷物的空气动力学性质，即不同物料具有不同的悬浮速度特性，在垂直向上的气流中，选择气流速度大于物料群中某一种轻杂的悬浮速度而小于谷物的悬浮速度时，气流将这种轻杂带走，从而实现轻杂的气流分离。

实际气流分离轻杂装置中，物料的不同品质、物料颗粒的形状各异、物料具有一定的流动速度以及物料之间的碰撞、摩擦等，使得分离易飞扬性轻杂的气流速度的选取难于准确计算，而多靠现场调试确定。

表 1-7 为粮食加工厂部分物料实测悬浮速度，表 1-8 为小麦及其在制品悬浮速度值。

表 1-7　部分物料实测悬浮速度参考值

物料	真实密度/（kg/m³）	容积密度/（kg/m³）	粒径 d_s/mm	悬浮速度 u_f/（m/s）
稻谷	1020	550	3.6	7.5
糙米	1120~1220	820	5.0~6.9（长径）	7.7~9.0
玉米	1240~1350	600~720	9×8×6	9.8~13.5
大米	1480	620~680	10×3	8.0~8.5
大麦	1230~1300	600~700	3.5~4.2	8.7~10.5
大豆	1180~1220	560~720	3.5~10.0	10
面粉	1410	610	0.163~0.197	1.5~3.0
豌豆	1260~1370	750~800	5.5~6.0	15.0~17.5
花生	1020	620~640	21×12	12~14
荞麦	1180~1280	510~700	6×4×3	7.8~8.7
燕麦	1130~1250	390~500	2.58×4	7.0~7.5
裸麦	1260~1440	660~790	7.5×2.3×2.2	8.4~10.5
玉米淀粉	1530~1620	—	0.06	1.5~1.8
烟叶	35~110	—	—	2.3~3.2
菜籽	1220	—	—	8.2
亚麻籽	1120	630~730	4×2.5×1.5	4.5~5.2
黑胡椒	1130~1250	390~500	2.5×4	11.0~12.5
葵花籽	—	260~440	11×6×4	7.3~8.4

表 1-8　　小麦及其在制品悬浮速度参考值

物料	容积密度/（kg/m³）	悬浮速度 u_f/（m/s）
饱满小麦	720～820	8.5～11.5
普通小麦	680～700	7.3～8.4
虫蚀小麦	—	7.1～7.3
瘦长小麦	—	6.0～6.5
碎麦	—	5.6～6.8
1 皮磨下物	600～750	6.0～7.0
2 皮磨下物	400～500	5.0～6.0
3 皮、4 皮磨下物	350～400	2.0～3.0
前路心磨下物	480～620	4.0～5.0
后路心磨下物	400～550	12～14
渣磨磨下物	450～580	4.5～5.5
尾磨磨下物	430～500	2.5～3.5
粗麦心	510	4.5～5.5
细麦心	530	4.0～5.0
粗粉	400～450	3.5～4.5
特一粉	560～600	2.3～3.0
特二粉	450～500	2.0～3.0
标准粉	430	2.0～3.0
次粉	430～600	2.0～3.0
粗麸皮	150～240	2.5～3.5
细麸皮	250～340	2.5～3.5

2. 主动式粉尘捕捉方式常用的设备

谷物加工中，主动式粉尘捕捉方式常用的设备为各种型式的吸风分离器，以垂直吸风分离器和循环风吸风分离器最为典型。

垂直吸风分离器是利用垂直气流分离和捕捉物料中的易飞扬性轻杂和粉尘的设备，如图 1-9 所示。图 1-10 为空气循环使用的吸风分离器。图 1-11 是小麦加工厂清理车间吸风分离器与筛选设备配合使用的工艺，即风筛组合工艺。物料先进入筛选设备进行筛理，在排料时进入垂直吸风分离器或循环风吸风分离器进行气流分离轻杂和粉尘。

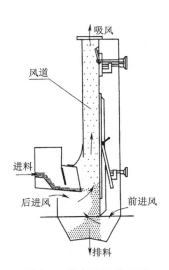

图 1-9 垂直吸风分离器

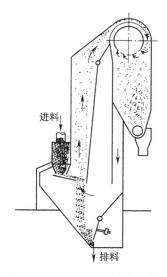

图 1-10 循环风吸风分离器

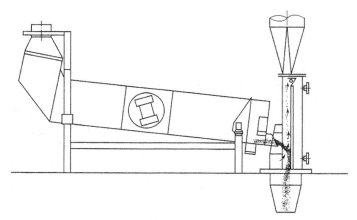

图 1-11 风筛组合的粉尘分离工艺

垂直吸风分离器的工作过程是，谷物和轻杂的混合物投入具有一定速度的垂直上升气流中，重的谷物穿过气流落下，轻的杂质被气流带走，从而实现轻杂与粮食的分离。

循环风吸风分离器气流分离轻杂原理与垂直吸风分离器相同；风选结构并未发生实质变化，不同之处是循环风吸风分离器自带风机和轻杂分离装置，空气循环利用。

对于垂直吸风分离器、循环风吸风分离器这类主动式粉尘分离设备，吸风量由这些设备具体单位时间内所处理物料的量来确定。垂直吸风分离器的阻力一般为 500Pa，循环风吸风分离器的阻力一般选取 400Pa。

图 1-12、图 1-13 分别是国内粮食加工厂早期使用的气流分离设备。为了提高气流分离效率，方形吸风分离器又发展为如图 1-14 所示的双风道吸风分离器，在原来基础上增加了一条吸风道，使粮食在分离器内经过二次气流分离。

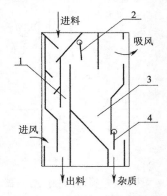

图 1-12　方形气流分离设备
1. 风道；2. 调节板；3. 沉降室；4. 压力门

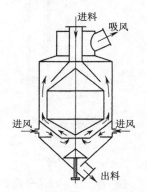

图 1-13　圆筒形气流分离设备

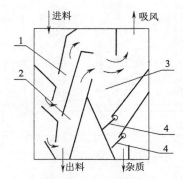

图 1-14　经过改进的气流分离设备
1. 风道 1；2. 风道 2；3. 沉降室；4. 压力门

图 1-15 是国外粮食预清理常用的气流分离设备，图 1-15（a）和图 1-15（b）为法国 Daquet 公司生产的两种类型气流分离器，图 1-15（c）为加拿大 Carter-Day 公司生产的气流分离器。图 1-15（b）型的空气动力系统更完善：轴向吸气，气流流速均匀分布。图 1-15（c）为气流封闭循环流动式分离器，不在室内进行排气，自带风机。

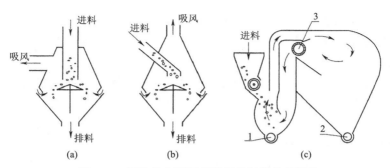

图 1-15　国外粮食预清理常用的气流分离设备

（a）小麦绞龙；（b）轻杂绞龙；（c）离心式通风机（1. 重杂出口；2. 轻杂出口；3. 风机）

1.5.3　湿法抑尘技术

针对粮食储运过程的特点，粉尘的捕捉和控制方法除了常规的通风除尘风网外，有时也采用湿法抑尘技术。粮食中的粉尘具有溶于水或溶于某些油类溶剂的特性，在粮食输送工艺的合适位置对粮食喷洒适量雾状的水或油（食品级），但不影响粮食的储藏和食用品质，从而达到控制粉尘飞扬的方法即为粮食的湿法抑尘技术。

目前，湿法抑尘技术主要有喷水抑尘技术、喷油抑尘技术和化学降尘剂抑尘技术三种。但不管哪种抑尘技术，共同的特点都是最终将粮食中的易飞扬性轻杂黏附在粮食的表面，粮食流动时不再飞扬出来。

1. 喷水抑尘技术

利用水泵、雾化喷头等装置将水雾化，在粮食流动到最容易扬尘部位之前，对粮食流喷水雾，雾化的水滴被粮食及粮食内部的粉尘、轻杂等吸附，从而使易飞扬性轻杂黏附于粮食表面而失去飞扬的能力。

一般认为喷水抑尘技术对于粒径小于 $10\mu m$ 的粉尘抑尘效果较差。

2. 喷油抑尘技术

喷油抑尘技术起源于美国，至今已有 20 多年的历史。

喷油抑尘技术就是利用雾化装置向粮食喷洒一层雾化油，粉尘和油一同被吸附在粮食的表面，形成无法扬起的粗大颗粒，从而达到抑尘的效果。残留在粮食中的易飞扬性轻杂可以在一定时间内随粮食一起流通而不扬尘。

喷油抑尘技术的关键是抑制剂种类的选取、喷洒量的控制和雾状微粒粒径的大小等。目前粮食储运中使用较多的粉尘抑制剂为食品级白油。

3. 化学降尘剂抑尘技术

化学降尘剂抑尘技术的关键是降尘剂的研究和选择。目前使用和研究较广泛的降尘剂有粉尘凝聚剂、粉尘黏结剂和起泡剂。

粉尘凝聚剂一般具有保湿、黏结双重作用。喷洒粉尘凝聚剂一方面使物料表面有一定的湿度，另一方面又使物料中微细颗粒处于凝聚状态。

粉尘黏结剂的作用是使粉尘等轻杂被粉尘黏结剂覆盖到物料的表面，即喷洒的粉尘黏结剂如同一层薄膜将粉尘包裹到物料的表面。粉尘黏结剂的性质类似于乳胶涂料。

起泡剂是一种表面活性剂，其作用是在水和空气的混合物中产生大量的泡沫，喷洒到尘源上，形成密闭的泡沫覆盖体，使粉尘得以湿润和得到抑制。起泡剂需要发泡器等装置发泡。

1.6　粮食工业粉尘控制概述

1.6.1　粮食工业粉尘控制的方法

通过有效阻止空气流动的方法来控制工业生产中产生的粉尘、有害气体等污染物是粮食工业粉尘控制的基本方法，也是工业卫生与安全的主要技术措施之一。

空气的流动形成风，有目的地组织空气流动以完成某种功能的技术即通风技术，具体地说就是为达到合乎卫生要求的空气质量标准，对车间或居室进行换气的技术。将室内不符合卫生标准要求的污染空气排到室外的通风方法称为排风；将新鲜空气或达到卫生标准要求的空气送到室内的通风方法称为进风。

通风技术常根据不同的生产条件和环境要求分为多种方法。

1. 自然通风和机械通风

根据组织空气的流动是否需要动力，分为自然通风和机械通风。

1）自然通风

依靠室外风力造成的风压或室内外空气温度差造成的热压使空气流动的方法称为自然通风。

自然通风是在自然气象条件下形成的，既经济又节能的方法。但由于自然通风是利用某些气象条件形成的，因而这种通风的稳定性和可靠性较差，在工业生产中一般不予考虑。

2）机械通风

依靠通风机等空气机械设备的作用驱使空气流动，造成有限空间通风换气的方法称为机械通风。

机械通风有送风式和排风式两种。机械通风使室内空气和室外空气进行质量交换和热量交换，会造成室内温度的变化，这是在进行机械通风时要考虑的问题。

机械通风不受自然条件限制，可根据需要随时进行通风且风量可以调整，因而适用性强，应用广泛。

2. 全面通风和局部通风

从通风作用的范围方面，分为全面通风和局部通风。

1）全面通风

全面通风是对整个车间进行通风换气，也称稀释通风。全面通风的效果与通风量的大小和流动空气的组织密切相关。全面通风可以是自然通风，也可是机械通风。

2）局部通风

局部通风是针对局部污染源或局部区域进行通风换气的方法。

在粮食加工行业，粉尘控制多采用机械式的局部排风通风方式，即将废气或含有有害物质的空气抽走并经过净化处理后排到室外。

通风除尘是保证粮食加工企业有一个良好的操作环境、良好的生产环境而广泛采用的方法，更是可燃性粉尘防爆技术措施中最有效、最经济的方法，也是环境保护技术中空气污染控制所普遍采用的方法。此外，通风除尘在粮食加工中，还可起到对加工设备或物料的除湿降温、促使物料风选和分级、回收含尘气流中有用物料等多种工艺效果。

1.6.2　粉尘控制的标准

1. 含尘浓度

单位体积空气中粉尘的含量称为含尘浓度，含尘浓度是评价环境空气被粉尘污染程度的主要指标之一。含尘浓度有三种表示方法。

（1）质量浓度。

单位体积空气中所含的粉尘质量，单位：mg/m^3。

（2）计数浓度。

单位体积空气中所含的粉尘的颗粒数，单位：粒/m^3。

（3）粒径计数浓度。

单位体积空气中所含的某一粒径范围内（Δd_s）粉尘的颗粒数，单位：粒/m^3。

质量浓度是当前通风除尘技术中普遍采用的含尘浓度表示方法，而计数浓度、粒径计数浓度则主要用于洁净车间。粉尘对人体健康的危害取决于其粒径大小，粒径越小危害越大，而质量浓度表示的是空气中粉尘的总量，对人体危害程度最大的微细粉尘的含量却没有表示出来。

在我国的《环境空气质量标准》（GB 3095—2012）中，采用了总悬浮微粒（TSP）和可吸入颗粒物（PM$_{10}$）等指标来评价空气中颗粒物对于人体的危害程度，总悬浮微粒和可吸入颗粒物数值越高，表明空气质量越差，对人体的危害越大。

总悬浮微粒（TSP）指悬浮于空气中空气动力学直径在 100μm 以下的粉尘。

可吸入颗粒物（PM$_{10}$）指悬浮于空气中空气动力学直径在 10μm 以下的粉尘。

2. 粉尘控制的卫生标准和排放标准

1）卫生标准

工业生产中产生的粉尘等有害物必须进行控制。为此，我国制定了《工业企业设计卫生标准》（GBZ 1—2010）和《工作场所有害因素职业接触限值 第 1 部分：化学有害因素》（GBZ 2.1—2019）两个标准。这是工业企业设计、预防性和经常性监督检查、监测的依据。工作场所空气中有关粉尘的允许浓度指标见表 1-9。

表 1-9　工作场所空气中允许粉尘浓度

序号	粉尘种类		时间加权平均容许浓度/（mg/m^3）	短时间接触容许浓度/（mg/m^3）
1	白云石粉尘	总尘	8	10
		呼尘	2	8
2	玻璃钢粉尘		3	6
3	茶尘		2	3
4	沉淀 SiO$_2$		5	10
5	大理石粉尘	总尘	8	10
		呼尘	4	8
6	电焊烟尘		4	6
7	二氧化钛粉尘		8	10
8	沸石粉尘		5	10
9	酚醛树脂粉尘		6	10
10	谷物粉尘（游离 SiO$_2$ 含量<10%）		4	8
11	硅灰石粉尘		5	10
12	硅藻土粉尘（游离 SiO$_2$ 含量<10%）		6	10
13	滑石粉尘（游离 SiO$_2$ 含量<10%）	总尘	3	4
		呼尘	1	2

续表

序号	粉尘种类		时间加权平均容许浓度/（mg/m³）	短时间接触容许浓度/（mg/m³）
14	活性炭粉尘		5	10
15	聚丙烯粉尘		5	10
16	聚丙烯腈纤维粉尘		2	4
17	聚氯乙烯粉尘		5	10
18	聚乙烯粉尘		5	10
19	铝、氧化铝、铝合金粉尘	铝、铝合金	3	4
		氧化铝	4	6
20	麻尘（游离 SiO_2 含量＜10%）	亚麻	1.5	3
		黄麻	2	4
		苎麻	3	6
21	煤尘（游离 SiO_2 含量＜10%）	总尘	4	6
		呼尘	2.5	3.5
22	棉尘		1	3
23	木粉尘		3	5
24	凝聚 SiO_2 粉尘	总尘	1.5	3
		呼尘	0.5	1
25	膨润土粉尘		6	6
26	皮毛粉尘		8	10
27	人造玻璃质纤维	玻璃棉粉尘	3	5
		矿渣棉粉尘	3	5
		岩棉粉尘	3	5
28	桑蚕丝尘		8	10
29	砂轮磨尘		8	10
30	石膏粉尘	总尘	8	10
		呼尘	4	8
31	石灰石粉尘	总尘	8	10
		呼尘	4	8
32	石棉纤维及含有10%以上石棉的粉尘	总尘	0.8	1.5
		呼尘	0.8（f/mL）	1.5（f/mL）

序号	粉尘种类		时间加权平均容许浓度/（mg/m³）	短时间接触容许浓度/（mg/m³）
33	石墨粉尘	总尘	4	6
		呼尘	2	3
34	水泥粉尘	总尘	4	6
		呼尘	1.5	2
35	碳化硅粉尘	总尘	8	10
		呼尘	4	8
36	炭黑粉尘		4	8
37	碳纤维粉尘		3	6
38	硅尘	总尘 含 10%～50%游离 SiO_2	1	2
		总尘 含 50%～80%游离 SiO_2	0.7	1.5
		总尘 含 80%以上游离 SiO_2	0.5	1.0
		呼尘 含 10%～50%游离 SiO_2	0.7	1.0
		呼尘 含 50%～80%游离 SiO_2	0.3	0.5
		呼尘 含 80%以上游离 SiO_2	0.2	0.3
39	稀土粉尘（游离 SiO_2 含量<10%）		2.5	5
40	洗衣粉混合尘		1	2
41	烟草尘		2	3
42	萤石混合性粉尘		1	2
43	云母粉尘	总尘	2	4
		呼尘	1.5	3
44	珍珠岩粉尘	总尘	8	10
		呼尘	4	8
45	蛭石粉尘		3	5
46	重晶石粉尘		5	10
47	其他粉尘		8	10

注：（1）其他粉尘：指不含有石棉且游离 SiO_2 含量低于 10%，不含有毒物质，尚未制定专项卫生标准的粉尘。

（2）总尘：即总粉尘，指用直径为 40mm 滤膜，按标准粉尘测定方法采样所得到的粉尘。

（3）呼尘：即呼吸性粉尘，是指按呼吸性粉尘标准测定方法所采集的可进入肺泡的粉尘粒子，其空气动力学直径均在 7.07μm 以下，空气动力学直径 5μm 粉尘粒子的采样效率为 50%。

（4）$1f = 1 \times 10^{-15}g$。

过去我国使用的卫生标准是 1979 年 11 月 1 日实行的《工业企业设计卫生标准》（TJ 36—1979），这个标准于 2010 年重新修订后分为两个标准：《工业企业设计卫生标准》和《工作场所有害因素职业接触限值 第 1 部分：化学有害因素》。

《工业企业设计卫生标准》（GBZ 1—2010）规定了工业企业的选址与整体布局、防尘与防毒、防暑与防寒、防噪声与振动、防非电离辐射及电离辐射、辅助用室等方面的内容，以保证工业企业的设计符合卫生要求。

《工作场所有害因素职业接触限值 第 1 部分：化学有害因素》（GBZ 2.1—2019）标准是根据职业性有害物质的理化特性、国内外毒理学及现场劳动卫生学或职业流行病学调查资料，并参考美国、德国、俄罗斯、日本等国家的职业接触限值及其制定依据而修订和制定的。

《工作场所有害因素职业接触限值 第 1 部分：化学有害因素》标准中，职业接触限值是指职业性有害因素的接触限制量值，指劳动者在职业活动过程中长期反复接触对机体不引起急性或慢性有害健康影响物资的容许接触水平。化学因素的职业接触限值可分为时间加权平均容许浓度、最高容许浓度和短时间接触容许浓度三类。

（1）时间加权平均容许浓度：指以时间为权数规定的 8h 工作日的平均容许接触水平。

（2）最高容许浓度：指工作地点、在一个工作日内、任何时间均不应超过的有毒化学物质的浓度。

（3）短时间接触容许浓度：指一个工作日内，任何一次接触不得超过 15min 的时间加权平均的容许接触水平。

在上述的定义中，工作场所指劳动者进行职业活动的全部地点。工作地点指劳动者从事职业活动或进行生产管理过程而经常或定时停留的地点。

2）排放标准

排放标准是以实现大气质量标准为目标，对污染源规定所允许的排放量或排放浓度，以便直接控制污染源，防止大气污染。污染源对外排放的污染物数量，一般有三种表示方法。

（1）最高允许排放浓度。

指处理设施后排气筒中污染物任何 1h 浓度平均值不得超过的限值，或指无处理设施排气筒中污染物任何 1h 浓度平均值不得超过的限值。

（2）最高允许排放速率。

指一定高度的排气筒任何 1h 排放污染物的质量不得超过的限值。

（3）无组织排放监控浓度限值。

指监控点的污染物浓度在任何 1h 的平均值不得超过的限值。无组织排放指大气污染物不经过排气筒的无规则排放。低矮排气筒的排放属有组织排放，但在一定条件下也可造成与无组织排放相同的后果。因此，在执行"无组织排放监控浓度限值"指标时，由低矮排气筒造成的监控点污染物浓度增加不予扣除。

在《大气污染物综合排放标准》（GB 16297—1996）中，详细规定了 33 种大气污染物的排放限值，同时规定了标准执行中的各种要求，适用于现有污染源大气污染物排放管理，以及建设项目的环境影响评价、设计、环境保护设施竣工验收及其投产后的大气污染物排放管理。有关颗粒污染物的控制标准见表 1-10。

表 1-10 污染源大气污染物（颗粒污染物部分）排放限值

污染物		最高允许排放浓度/（mg/m³）	最高允许排放速率/（kg/h）				无组织排放监控浓度限值	
			排气筒高度/m	一级	二级	三级	监控点	浓度/（mg/m³）
现有污染源	颗粒物	22（炭黑尘、染料尘）	15	禁排	0.60	0.87	周界外浓度最高点	肉眼不可见
			20		1.0	1.5		
			30		4.0	5.9		
			40		6.8	10		
		80（玻璃棉尘、石英粉尘、矿渣棉尘）	15	禁排	2.2	3.1	无组织排放源上风向设参照点，下风向设监控点	2.0（监控点与参照点浓度差值）
			20		3.7	5.3		
			30		14	21		
			40		25	37		
		150（其他）	15	2.1	4.1	5.9	无组织排放源上风向设参照点，下风向设监控点	5.0（监控点与参照点浓度差值）
			20	3.5	6.9	10		
			30	14	27	40		
			40	24	46	69		
			50	36	70	110		
			30	51	100	150		
新污染源	颗粒物	18（炭黑尘、染料尘）	15	—	0.15	0.74	周界外浓度最高点	肉眼不可见
			20		0.85	1.3		
			30		3.4	5.0		
			40		5.8	8.5		
		60（玻璃棉尘、石英粉尘、矿渣棉尘）	15	—	1.9	2.6	周界外浓度最高点	1.0
			20		3.1	4.5		
			30		12	18		
			40		21	31		
		120（其他）	15	—	3.5	5.0	周界外浓度最高点	1.0
			20		5.9	8.5		
			30		23	34		
			40		39	59		
			50		60	94		
			60		85	130		

排放浓度的规定是以居住区空气中最高容许粉尘浓度为依据的，即从烟囱或

排气口向外排放的粉尘，经过大气的混合、扩散和稀释后，落到地面的粉尘浓度不会对居民健康和环境造成危害。

　　近年来，随着我国环境保护工作的大力进行，制定了一系列的空气标准，如《环境空气质量标准》（GB 3095—2012）、《大气污染物综合排放标准》（GB 16297—1996）、《锅炉大气污染物排放标准》（GB 13271—2014）、《水泥工业大气污染物排放标准》（GB 4915—2013）、《轻型汽车污染物排放限值及测量方法（中国第六阶段）》（GB 18352.6—2016）、《工业炉窑大气污染物排放标准》（GB 9078—1996）、《恶臭污染物排放标准》（GB 14554—1993）、《饮食业油烟排放标准》（GB 18483—2001）等。

　　在一些地区或者行业，根据空气污染控制技术的具体现状、水平以及结合本地区、本行业的实际情况也先后制定了地区性或者行业性的排放标准。有的行业标准比《大气污染物综合排放标准》（GB 16297—1996）中的规定更为严格。

第 2 章　除　尘　器

将粉尘从含尘气流中分离出来的设备称为除尘器或净化装置。除尘器是通风除尘系统中保证空气排放达到环保要求的关键设备，也是含尘空气中具有经济价值粉尘或物料的回收设备，同时也对通风除尘风网空气流动的动力设备——风机，起到保护作用，避免气流中颗粒物对风机叶轮的磨损。

2.1　除尘器的类型和特点

2.1.1　除尘器的类型

由于含尘气流中粉尘的种类、性质等不同，在粉尘分离技术中有多种不同类型的除尘器。

1. 按分离机理分类

根据气流中粉尘的分离机理，将除尘器分为以下几种类型。

（1）机械式除尘器。

机械式除尘器是利用机械力的作用进行粉尘分离的一类除尘设备。机械力主要指重力、惯性力和离心力，这类除尘器包括重力沉降室、惯性除尘器、离心式除尘器等。

（2）过滤式除尘器。

过滤式除尘器是利用纤维织物或多孔填料层的筛滤作用将粉尘从气流中分离出来的一类除尘设备，如布袋除尘器、颗粒层除尘器等。过滤式除尘器的显著特点是除尘效率高，缺点是过滤材料需要及时清灰。

（3）湿式除尘器。

利用粉尘容易溶解于水或者液体的性质将粉尘从气流中分离出来的除尘设备通称为湿式除尘器，如水浴式除尘器、冲击式除尘器等。

（4）电除尘器。

利用电力作用将粉尘从气流中分离出来的一种除尘设备，有干式和湿式两种。

（5）空气过滤器。

室内通风换气设备、空调以及部分空气压缩机等设备中，对大气中的粉尘进行过滤的设备称为空气过滤器。

2. 按净化能力分类

从净化能力方面,可以将除尘器分为以下三种类型。

(1)粗净化除尘器。

只能分离含尘气流中的粗大颗粒粉尘,能分离的粉尘粒径在 50μm 以上,对小粒径粉尘除尘效率特别低,如重力沉降室。

(2)中净化除尘器。

能将粒径在 10~50μm 范围的粉尘从含尘气流中分离的除尘器,如惯性除尘器、离心式除尘器。

(3)细净化除尘器。

能将粒径在 10μm 以下的粉尘从含尘气流中分离出去的除尘器,如布袋除尘器、颗粒层除尘器、湿式除尘器等。

在实际的通风除尘系统中,由于含尘气流中的粉尘具有一定范围的粒径分布,或者含尘浓度较高、所含粉尘特殊的性质等,采用一台除尘器即单一原理的除尘器很难满足除尘要求,再加上除尘器自身的处理负荷、使用要求等问题,常将两种或两种以上除尘机理的除尘器串联使用共同作用于除尘过程。

2.1.2 除尘器的特点

不同类型除尘器的性能特点见表 2-1。在实际运行中,除尘器的各项性能会随现场运行条件而变化。

表 2-1 除尘器的类型和性能特点

型式	除尘器类型		最小捕集粉尘粒径/μm	粉尘浓度/ (g/m³)	阻力/Pa	净化程度	效率/%	
							>50μm	>5μm
干式	重力沉降室		50~100	>2	50~200	粗净化	>95	<20
	惯性除尘器		20~50	>2	300~800	粗净化	>95	<20
	离心式除尘器	中效	20~40	>0.5	400~800	粗、中净化	60~85	<30
		高效	5~10	>0.5	500~1500	中净化	80~90	<50
	电除尘器		<0.1	<30	120~200	细净化	90~99	>90
	袋式除尘器		<0.1	<15	800~2000	细净化	>90	>98
湿式	水浴式除尘器		2	<100	200~800	粗净化	95~100	>90
	文氏管除尘器		<0.1	<15	>5000	细净化	98~100	>95
	湿式电除尘器		<0.1	<30	120~200	细净化	90~98	>98

在粮食加工行业的通风除尘系统中，最常用的除尘器为机械式除尘器和过滤式除尘器。在机械式除尘器类型中，重力沉降室、惯性除尘器只适用于分离含尘气流中的粗大颗粒粉尘，而且由于除尘效率不高等使用较少，而体积小、结构简单、除尘效率高的离心式除尘器得到广泛应用。在过滤式除尘器类型中，布袋除尘器使用方便、除尘效率高，而且一般情况下，含尘气流一次过滤即可达到环境排放标准，因而布袋除尘器最为常用。

因为粮食加工行业产生的粉尘具有燃烧、爆炸特性，所以电除尘器的使用受到限制；而对于湿式除尘器，虽然其分离粉尘的效率特别高，设备制造简单，但因为水资源的匮乏，废水处理和废水的排放存在问题，湿式除尘器应用的范围也较小，况且用水污染换来含尘空气的净化，净化了空气而产生了废水，也是不经济、不值得的。

本章主要介绍粮食加工行业通风除尘与气力输送系统中常使用的除尘器，重点阐述离心式除尘器和布袋除尘器的构造、工作原理和选用等内容。

2.2　除尘器的性能

除尘器的性能指标主要指除尘效率、处理风量、阻力、漏风率等。在评价一台除尘器性能优劣时，还要考虑除尘器是否具有防爆措施、除尘器内部是否存灰、操作管理的难易、设备价格、运行和维护费用、使用寿命长短等因素。

2.2.1　除尘器的除尘效率

除尘效率是除尘器性能中的重要技术指标。因为除尘器的除尘效率与所处理的含尘气流中粉尘的粒径大小、粉尘密度等因素密切相关，因而除尘器的除尘效率有多种表示方法。

1. 除尘效率

除尘效率指含尘气流经过除尘器时，单位时间内除尘器除下来的粉尘量占进入除尘器粉尘量的百分比，也称为除尘器的总除尘效率，即

$$\eta = \frac{M}{M_1} \times 100\% \qquad (2\text{-}1)$$

式中，η——除尘器的除尘效率，%；

　　　M——单位时间内除尘器除下来的粉尘量，kg/h；

　　　M_1——单位时间内进入除尘器的粉尘量，kg/h。

式（2-1）为质量法表示的除尘器除尘效率计算方法。

如果已知除尘器的进口风量为 Q_1（m^3/s），出口风量为 Q_2（m^3/s）；进口气流含尘浓度为 c_1（g/m^3），出口气流含尘浓度为 c_2（g/m^3），则单位时间内除尘器除下来的粉尘量为 $M = Q_1c_1 - Q_2c_2$，单位时间内进入除尘器的粉尘量为 $M_1 = Q_1c_1$，式（2-1）可变为

$$\eta = \left(1 - \frac{Q_2c_2}{Q_1c_1}\right) \times 100\% \qquad （2-2）$$

式（2-2）为用浓度法表示的除尘器除尘效率计算方法。因为除尘器的进出口风量、浓度容易测出，所以浓度法最为实用。

如果除尘器出口风量与进口风量相等，即 $Q_2 = Q_1$，则式（2-2）可进一步简化为

$$\eta = \left(1 - \frac{c_2}{c_1}\right) \times 100\% \qquad （2-3）$$

除尘器的作用是分离含尘气流中的粉尘，因而除尘效率是选择和评价除尘器性能的关键参数。根据除尘器除尘效率的高低，除尘器可为三种类型：

（1）高效除尘器。除尘效率在 95% 以上的除尘器，如过滤式除尘器、电除尘器等。

（2）中效除尘器。除尘效率在 70%～95% 之间的除尘器，如离心式除尘器等。

（3）低效除尘器。除尘效率在 50%～70% 之间的除尘器，如重力沉降室等。

对于任何类型的除尘器，总是粉尘粒径越大，越容易分离，除尘效率也越高。因此，用单一的除尘效率标定除尘器，对除尘器的选择和使用具有片面性，不能体现不同类型除尘器的使用价值，必须考虑除尘器的分级效率。

2. 除尘器的分级效率

按照除尘器分离的粉尘粒径范围来标定的除尘器除尘效率称为除尘器的分级效率。例如，离心式除尘器，在处理粒径 40μm 以上的粉尘时，其总除尘效率可达 100%；而当处理的粉尘粒径为 5μm 以下时，总除尘效率还不到 40%。

除尘器的分级效率按下式计算：

$$\eta_{\Delta d} = \frac{M_d}{M_{d1}} \times 100\% \qquad （2-4）$$

式中，$\eta_{\Delta d}$ ——除尘器的分级效率，%；

M_d——单位时间内，除尘器除下来的 Δd 粒径范围内粉尘质量，g/s；

M_{d1}——单位时间内，除尘器进口气流中同一 Δd 粒径范围内粉尘的质量，g/s。

分级效率和总效率的关系：

$$\eta = \sum_{i=1}^{n} \eta \Delta d \phi_{id} \qquad (2\text{-}5)$$

式中，ϕ_{id}——进口含尘气流中，粒径范围为 Δd_i 内的粉尘质量分数，%。

3. 多级除尘时除尘器总效率

在通风除尘风网中，常采用不同净化原理的两台或多台除尘器串联使用，联合作用来达到对含尘空气中不同粒径粉尘的彻底分离的目的，从而达到粉尘收集和环保的排放要求。对多个除尘器串联使用，常称为多级除尘，如两台除尘器串联使用称为两级除尘。

对于两级除尘，设第一级除尘器除尘效率为 η_1，第二级除尘器除尘效率为 η_2，则两级除尘时的除尘器总效率 η_{1-2} 为

$$\eta_{1-2} = 1 - (1-\eta_1)(1-\eta_2) \qquad (2\text{-}6)$$

如果是 n 级除尘，则 n 级除尘时的除尘器总效率 η_{1-n} 为

$$\eta_{1-n} = 1 - (1-\eta_1)(1-\eta_2)\cdots(1-\eta_n) \qquad (2\text{-}7)$$

2.2.2　除尘器阻力

除尘器的阻力是含尘气流经过除尘器的能量损失。除尘器的阻力一般按局部阻力计算公式计算。

$$H_j = \zeta \frac{v^2}{2g} \gamma \qquad (2\text{-}8)$$

式中，H_j——除尘器的阻力，Pa；

　　　ζ——除尘器的阻力系数；

　　　v——除尘器的进口风速，m/s；

　　　γ——除尘器进口空气重度，N/m³。

除尘器的阻力也可通过测定除尘器进、出口断面的全压计算得出。

$$\Delta H = H_{o1} — H_{o2} \qquad (2\text{-}9)$$

式中，ΔH——除尘器的阻力，Pa；

H_{o1}——除尘器进风口断面全压，Pa；

H_{o2}——除尘器出风口断面全压，Pa。

由式（2-9）可知，除尘器的阻力即除尘器进、出口断面的全压差，所以除尘器的阻力也称为除尘器的压力损失。

除尘器的阻力是除尘器运行时的一个重要经济指标，高阻力意味着高能耗。

2.2.3　处理风量

处理风量是指除尘器单位时间内处理含尘空气容量的大小，一般用体积流量表示，单位为立方米每小时（m^3/h）。

处理风量是选择除尘器的重要依据之一，处理风量的大小一般为除尘风网的总风量，即与除尘器相连接的通风管道中的风量。一般选择除尘效率高、阻力低、设备体积小、处理风量大的除尘器。

2.2.4　漏风率

漏风率指单位时间内除尘器排尘口泄漏的空气量占进口风量的百分比，即

$$B = \frac{Q_2 - Q_1}{Q_1} \times 100\% \qquad （2-10）$$

式中，B——除尘器的漏风率，%；

　　　Q_1——除尘器进风口风量，m^3/h；

　　　Q_2——除尘器出风口风量，m^3/h。

式（2-10）中，如果除尘器出风口风量小于进风口风量，即 $Q_2 < Q_1$，则除尘器漏风率为负值，表明除尘器由排灰口向外漏气；如果除尘器出风口风量大于进风口风量，即 $Q_2 > Q_1$，则除尘器漏风率为正值，表明除尘器由排灰口向内进气。

除尘器漏风率对除尘器除尘效率影响极大。对于离心式除尘器，当漏风率 $B = 5\%$ 时，除尘效率下降一半；当漏风率达到 $B = 15\%$ 时，除尘效率接近于零。除尘器漏风率与排灰装置的性能关系密切，选择性能良好的排灰装置或维护好排灰装置的气密性是除尘器高效率运行的关键。

2.2.5　粉尘防爆措施

除尘器内部是含尘浓度最高的地方，因而对于燃烧、爆炸性粉尘，除尘器的防爆、泄爆措施非常重要，在选择除尘器时这一方面也是应该考虑的。

除尘器的防爆措施，多为在除尘器上安装温度检测报警装置、灭火装置、泄爆装置等。

2.2.6　除尘器内部是否积灰

除尘器内部是否积灰主要指除尘器内部已分离粉尘的排出情况、积存情况等。尤其对于过滤式除尘器，其滤布的清灰效果、清灰的难易以及除尘器内部分离粉尘的排灰情况对过滤式除尘器能否正常运行关系重大。清灰效果差，过滤式除尘器将难以维持长时间的正常运行。除尘器排灰效果差、易积灰，也影响除尘器的长时间正常运行。

2.2.7　管理与维修

除尘器的运行管理、维修等因素也是除尘器性能的重要组成部分。除尘器是否方便管理和维修、运行费用是否低，决定着除尘器的使用和寿命。

2.2.8　设备造价和运行费用

通风除尘是进行工业企业安全生产、保证空气洁净等的卫生措施之一，属于工业生产的辅助部分，因而设备造价和运行费用影响着其选择和正常使用。

【例 2-1】　某除尘风网为两级除尘，第一级除尘器的除尘效率为 $\eta_1 = 78\%$，第二级除尘器的除尘效率为 $\eta_2 = 98\%$，计算两级除尘除尘器的总效率。

解　根据式（2-6）得

$$\eta_{1-2} = 1 - (1 - \eta_1)(1 - \eta_2) = 1 - (1 - 78\%)(1 - 98\%) = 0.9956$$

所以，两级除尘除尘器的总效率为：$\eta_{1-2} = 99.56\%$。

2.3　重力沉降室和惯性除尘器

2.3.1　重力沉降室

1. 重力沉降室的特点

重力沉降室是依靠粉尘自身的重力作用从气流中分离粉尘的。

重力沉降室具有以下性能特点。

（1）适用于分离气流中粒径在 $50\sim100\mu m$ 的粉尘。

（2）能耗低，阻力一般在 $50\sim200Pa$。

（3）结构简单，无运转部件，维修工作量小，造价低。

（4）占地面积大，除尘效率低。

2. 重力沉降室的分离原理

重力沉降室粉尘分离的原理如图 2-1 所示。

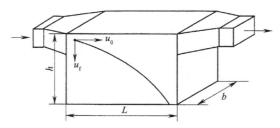

图 2-1 重力沉降室粉尘分离的原理图

1）沉降室内粉尘的重力沉降

当含尘气流由通风管道进入重力沉降室后，由于沉降室截面的突然增大，含尘气流在沉降室内的水平流动速度显著减小，因此气流携带粉尘的能力下降，此时，粉尘就会在重力作用下自由沉降。在粉尘的沉降过程中，粉尘以沉降速度的大小匀速沉降。

粉尘粒径越大，其沉降速度就越大，表明越容易分离；反之，粉尘粒径越小，其沉降速度也越小，表明难于沉降，不容易分离，这也是重力沉降室只能分离粗大颗粒粉尘的原因。

2）粉尘在沉降室内的水平运动

含尘空气由通风管道进入沉降室后，由于截面积的突然增大，气流速度迅速降低，一般要求沉降室内水平气流速度降低到 0.5m/s 左右，即 $u_0 \leqslant 0.5$m/s。近似取粉尘在沉降室内的水平运动速度等于水平气流速度，即认为含尘气流进入沉降室后，粉尘以初速度 u_0 做水平运动。

3）重力沉降室粉尘分离的条件

（1）粉尘在沉降室内的沉降时间：

$$t_1 = \frac{h}{u_f}$$

式中，t_1——粉尘在沉降室内的沉降时间，s；

h——沉降室高度，m；

u_f——粉尘颗粒的沉降速度，m/s。

（2）粉尘在沉降室内的停滞时间：

$$t_2 = \frac{L}{u_0}$$

式中，t_2——粉尘在沉降室内的停滞时间，s；

　　　L——沉降室长度，m；

　　　u_0——粉尘颗粒的水平运动速度，m/s。

（3）粉尘沉降下来不被气流带走的条件，即重力沉降室粉尘分离的条件：

$$t_1 \leqslant t_2$$

即

$$\frac{h}{u_f} \leqslant \frac{L}{u_0} \tag{2-11}$$

　　式（2-11）表明，只有沉降时间不大于停滞时间，粉尘在沉降室内才可能沉降到沉降室底部，使得粉尘从气流中分离出来，这就是重力沉降室粉尘分离的原理。

3. 影响重力沉降室除尘效率的因素

　　为了设计一个高除尘效率的重力沉降室，或运行时保证重力沉降室有较好的除尘效果，应注意以下几个方面。

　　（1）沉降室内水平气流速度越低，越有利于粉尘的沉降。

　　（2）风量恒定时，沉降室越长，越有利于粉尘的沉降。

　　（3）在沉降室内加装挡板或安装迷宫式构件，以增加惯性碰撞作用，虽有利于粉尘的沉降，但会增加重力沉降室的阻力（图 2-2）。

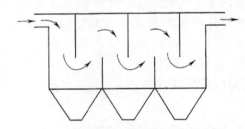

图 2-2　安装挡板的重力沉降室结构图

　　（4）室内气流越均匀，越有利于粉尘的沉降。

　　（5）增加排灰口的气密性，有利于粉尘的沉降。

　　重力沉降室只能分离含尘空气中的粗大颗粒，因此重力沉降室通常被用作处理含有较高浓度粗大颗粒粉尘的空气净化设备，或作为风网系统中其他除尘设备的预净化设备。例如，在稻谷加工厂，重力沉降室常用作砻谷机大糠（稻壳）风网中分离大糠的除尘器。

2.3.2　惯性除尘器

惯性除尘器是使含尘气体与挡板发生撞击或者急剧改变气流方向，借助粉尘的惯性力作用与气流发生分离的除尘设备。惯性除尘器的除尘性能比重力沉降室有显著提高。惯性除尘器的结构较重力沉降室复杂，但其内部一般无运转部件，操作、维修简便，而且体积大大减小。性能较好的惯性除尘器能够捕集到的最小粉尘粒径可达 20μm；惯性除尘器的阻力一般在 300～1000Pa 范围。

1．惯性除尘器的原理

根据粉尘的分离原理，惯性除尘器分为碰撞式和回流式两种类型。碰撞式惯性除尘器是沿气流方向上设置一道或多道挡板，含尘气体碰撞到挡板上使尘粒从气体中分离出来。

显然，气体在撞到挡板之前速度越高，碰撞后速度越低，携带的粉尘则越少，除尘效率越高。回流式惯性除尘器是使含尘气体多次改变流动方向，在转向过程中将粉尘分离出来。气体转向的曲率半径越小，转向速度越高，除尘效率越高。

2．惯性除尘器的应用

惯性除尘器的性能虽比重力沉降室有所提高，但惯性分离的原理也决定了它主要分离出大颗粒粉尘，因此惯性除尘器的应用与重力沉降室类似，应用范围较小。但因惯性除尘器体积显著减小，作为预净化除尘器在某些场合也有广泛使用。

（1）挡板式惯性除尘器。

如图 2-3 所示。挡板式惯性除尘器是在沉降室内安装若干排挡板，结构简单。

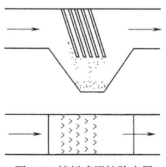

图 2-3　挡板式惯性除尘器

挡板可以采用各种各样的结构，如平板形、折板形、W 形、柱形、槽形、弧形等。

（2）回转式惯性除尘器。

图 2-4 是几种常见的回转式惯性除尘器示意图。这几种惯性除尘器主要依靠

气流做急剧回转时，在惯性力的作用下使粉尘与气流分离。

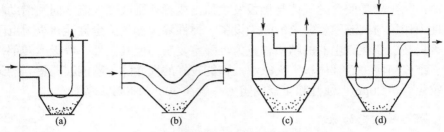

图 2-4　回转式惯性除尘器结构示意图

图 2-4（a）为气流进入沉降室后遇到挡板，向下运动绕过挡板后向上排出，在气体回转过程中由于惯性力，粉尘与气流分离。图 2-4（b）属于弯头式除尘器，阻力比较低。图 2-4（c）为气流进入沉降室旋转 180°后，向上排出。图 2-4（d）为气流垂直进入沉降室，再转而向上沿水平方向排出，为减少二次扬尘，进气速度较低。

（3）百叶窗式惯性除尘器。

图 2-5 是几种常见的百叶窗式惯性除尘器示意图。含尘气体进入除尘器后，按百叶板的方向折转使粉尘分离。一般提高气流穿越百叶板的速度，可提高除尘效率。但气流速度不宜过高，一般在 10～15m/s 之间选取。

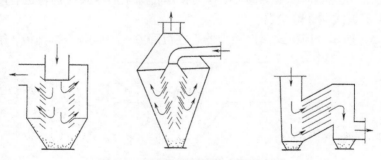

图 2-5　百叶窗式惯性除尘器示意图

（4）卧式惯性除尘器。

图 2-6 为粮食加工行业常用的一种惯性除尘器，它由进风口、外锥体、内锥体、沉降筒、排尘口和出风口组成。内锥体实质为数根长条螺旋形叶片组成，当含尘气流由进风口进入外锥体内部后，由于内锥体上螺旋叶片的导向作用，气流围绕叶片做螺旋运动，在惯性力的作用下，含尘气流中的大颗粒粉尘如粮食的碎壳、皮层等杂质被甩到外锥体内壁上，在气流和重力作用下向沉降箱的排灰口流

动，最后经排灰口排出。这种惯性除尘器的排灰口上必须安装闭风器。

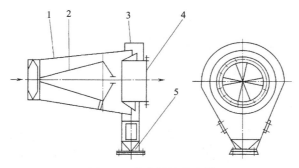

图 2-6　卧式惯性除尘器
1. 外锥体；2. 内锥体；3. 沉降筒；4. 出风口；5. 排尘口

2.4　离心式除尘器

离心式除尘器是利用含尘气流在做旋转运动时产生的离心力作用，将粉尘从气流中分离出来的一种除尘设备。因为离心式除尘器内气流的旋转类似自然界的旋风，所以离心式除尘器又称为旋风除尘器、刹克龙（Cyclone）等。离心式除尘器可以分离粒径在 $5\sim10\mu m$ 甚至粒径更小的粉尘。

离心式除尘器是通风除尘、气力输送风网中最重要的，也是最广泛使用和具有高分离效率的气固分离设备，可以去除气体中各种尺寸的颗粒。

在离心式除尘器内部，将粉尘受到的离心力和重力的比值定义为离心效应。离心效应 Φ 为

$$\Phi = \frac{\dfrac{\pi d_s^3}{6}\rho_s \dfrac{u_t^2}{r}}{\dfrac{\pi d_s^3}{6}\rho_s g} = \frac{u_t^2}{gr} \tag{2-12}$$

式中，u_t——切向速度；

r——旋转半径。

式（2-12）表明，在离心场中，离心效应 Φ 与颗粒的切向速度平方成正比，与旋转半径成反比。离心效应 Φ 的大小表示相对于重力，粉尘颗粒质量增加的倍数。

离心式除尘器具有以下特点：

（1）无运转部件，结构简单，容易制造，容易维修。

（2）能够以较高的分离效率分离粒径 $5\sim10\mu m$ 的粉尘，性能稳定，连续可靠。

（3）能耗低，压损在 500~2000Pa 范围；进口含尘浓度可以很高或很低，无

限制。

（4）排灰口的漏风率严重影响其除尘效率。

2.4.1 离心式除尘器的结构和工作原理

1. 离心式除尘器的结构

离心式除尘器的结构如图 2-7 所示，主要由切向进风口、外筒体、内筒体（排气管）和下部开有排料口的锥体组成。

离心式除尘器的进风口多为矩形，与外筒体切线方向连接，这样的连接结构使得含尘气流切向进入除尘器筒体内部并产生旋转运动。

外筒体、锥体构成了离心式除尘器的壳体部分，含尘气流就在壳体内做螺旋运动。锥体底部为排尘口。排尘口一般要连接专门的排尘装置，保证排尘的同时不漏气。

内筒体为有一定长度的短管，通过一块环形盖板与外筒体连接在一起。内筒体的大部分插入到外筒体中，而且内筒体的下沿一般低于进风口的底板。内筒体是筒体内旋转气流的排出通道，即含尘气流进入除尘器后做螺旋运动，由于离心力作用粉尘被分离出，而净化气流则由此排出。

2. 离心式除尘器的工作原理

离心式除尘器内部气流的运动比较复杂，除了气流的切向运动、轴向运动外，还存在着径向运动。但一般认为，在离心式除尘器的工作过程中气流旋转产生的离心力起着粉尘分离的主导作用。离心式除尘器的工作原理如图 2-8 所示。

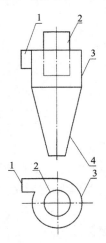

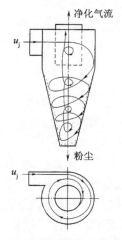

图 2-7 离心式除尘器的结构图　　图 2-8 离心式除尘器的工作原理图
1.进风口；2.内筒体；3.外筒体；4.锥体

离心式除尘器工作时，含尘气流切向进入离心式除尘器筒体内部，然后沿筒体内壁做自上而下的螺旋运动（外涡旋），螺旋气流中物料或粉尘就在离心力的作用下被甩向筒体内壁，到达内壁的物料或粉尘在重力和向下气流的作用下落向排料口，到达锥体底部的螺旋气流由于锥体的收缩作用又转而向上形成内涡旋经排气管排出。

2.4.2　影响离心式除尘器除尘效率的因素

影响离心式除尘器除尘效率的因素主要有以下 6 点。

1. 离心式除尘器的进口气流速度

进口气流速度越大，颗粒所受到的离心力就越大，有利于粉尘的分离，而且有较大的处理风量。但进口气流速度过高，会使离心式除尘器阻力增大，而且高速气流在筒体内部形成多种旋涡、空气扰动强烈，反而会影响粉尘的分离并可将已分离出的粉尘或物料重新带走。离心式除尘器的进口风速一般宜在 $u_j = 10 \sim 18\text{m/s}$ 范围内选取。

2. 粉尘的粒径

粉尘的质量与粉尘粒径的三次方成正比，粒径越大，粉尘的质量就越大，而离心力与粉尘质量成正比，粉尘的离心力越大，越有利于分离。

3. 进口含尘浓度

进口含尘浓度高时，会由于颗粒之间相互的碰撞、黏附和"夹持"作用，在理论上不能分离出的小粒径粉尘也能被分离出来。

4. 离心式除尘器的筒体直径

在相同的进口气流速度时，筒体直径越大，离心力越弱，不利于小粒径粉尘的分离，所以，选择离心式除尘器时应尽量选择小筒体直径。当处理风量较大时，可使用两个或多个小直径离心式除尘器并联以提高除尘效率。一般认为，具有较高除尘性能的离心式除尘器筒体部分的高度为其直径的 1～2 倍。

5. 锥体高度

一般认为较大的锥体高度，能够增加气流在机壳内的旋转圈数和使物料受到较长时间的离心力作用，有利于提高分离效率。现代的高效离心式除尘器多数为长锥体。锥体部分的高度为筒体直径的 1～3 倍，锥体底角为 25°～40°。

6. 排灰口的漏风率

排灰口如有漏风，将使排料困难，从而使分离效率大大降低。实验表明，当漏风率为 5%时，离心式除尘器的分离效率下降一半；当漏风率为 15%时，离心式除尘器的分离效率接近于零。因此选择高性能的闭风器，是保证除尘器有高分离效率的关键因素。

上述 6 项影响离心式除尘器除尘效率的因素中，第 1、4、5 项是设计除尘风网选择高效离心式除尘器设备应着重设计和选取的参数，第 2、3 项是所选离心式除尘器在应用现场有关粉尘的性质因素，第 6 项是与选择的闭风器和粉尘的收集等有关的因素。

2.4.3　离心式除尘器的选用

1. 离心式除尘器的名称

离心式除尘器的名称由进口型式和型号两部分构成。

离心式除尘器有三种进口型式，如图 2-9 所示。

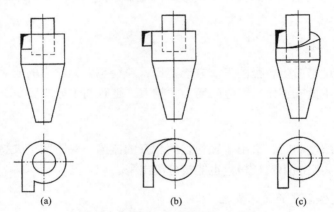

图 2-9　离心式除尘器的进口型式
（a）内旋进口型式；（b）外旋进口型式；（c）下旋进口型式

（1）内旋进口型式。

方形进风口的外侧沿离心式除尘器外筒体的内切线进入，而方形进风口的内侧沿离心式除尘器内筒体的外切线进入，筒体的顶部是平面，如图 2-9（a）所示。

（2）外旋进口型式。

方形进风口的内侧沿离心式除尘器外筒体的内切线进入，属于半圆周蜗卷进风口，如图 2-9（b）所示。

（3）下旋进口型式。

属于内旋进口型式，但矩形进风口的上端面为向下的螺旋面，向下螺旋一周。作用是促使进入离心式除尘器的含尘气流迅速向下旋转，不至于使含尘气流在筒体上部形成气流的"死循环"，如图 2-9（c）所示。

离心式除尘器的型号为：$\dfrac{\text{排气管直径}}{\text{外筒体直径}} \times 100$ 后取整的数，如 38 型、45 型、

50 型、55 型、60 型等。

所以，离心式除尘器的名称有外旋 38 型、外旋 45 型、内旋 50 型、下旋 55 型、下旋 60 型等，这些型号也是谷物加工厂最常用的离心式除尘器，如图 2-10 所示。

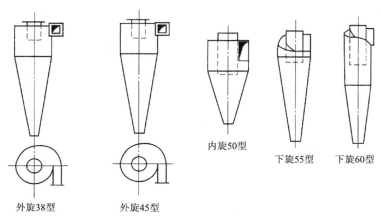

外旋38型　　　　　外旋45型　　　内旋50型　　　下旋55型　下旋60型

图 2-10　常用离心式除尘器的外形

每一种型号的离心式除尘器，又以不同的外筒体直径大小表示规格，而离心式除尘器的其他各部分尺寸多表示成外筒体直径的倍数。

2. 离心式除尘器的性能参数及选择

离心式除尘器的性能参数主要有除尘效率、阻力和处理风量等。常见离心式除尘器的型号、规格及性能参数见本书附录八。

离心式除尘器可以单台使用也可多台联合使用。

1）单台使用

当处理风量较小时，可以使用一台离心式除尘器，如下旋 55 型、内旋 50 型。

一般根据处理风量（$Q_{处}$）和选择一合适的进口风速（u_j），通过查阅离心式除尘器性能参数表格（附录八）来确定其型号规格。

【例 2-2】　某除尘风管风量为 900m³/h，选择一合适的离心式除尘器。

解　本题选用下旋 55 型离心式除尘器。

由附录八的下旋 55 型离心式除尘器性能表可知，选择 $D = 400mm$，$u_1 = 15m/s$ 时，$Q_1 = 875m^3/h$，$H_1 = 80kg/m^2$；$u_2 = 16m/s$ 时，$Q_2 = 933m^3/h$，$H_2 = 90kg/m^2$。

本题中除尘器处理风量为 $Q_{处} = 900m^3/h$，因此，采用插入法计算进口风速 u_j：

$$u_{\mathrm{j}} = 15 + \frac{16-15}{933-875} \times (900-875) = 15.43 (\mathrm{m/s})$$

计算除尘器阻力：

$$\Delta H = 80 + \frac{90-80}{933-875} \times (900{-}875) = 84.31 \ (\mathrm{kg/m}^2)$$

即
$$\Delta H = 827 \mathrm{Pa}$$

即所选的离心式除尘器为下旋 55 型，外筒体直径为 400mm，进口风速为 15.43m/s，阻力为 84.31×9.81Pa。

离心式除尘器的各部分尺寸为外筒体直径 D 的倍数，一般选出离心式除尘器的型号和外筒体直径即可。

2）离心式除尘器并联使用

离心式除尘器可以多台并联或串联使用，但以并联使用更为广泛和具有合理性。两台离心式除尘器串联使用，因为前后两台除尘器的除尘机理相同、处理的风量相同，一般认为第一台离心式除尘器分离不出的粉尘颗粒，第二台也难于从气流中分离出。所以，在除尘风网中，多为除尘机理不同的除尘器串联使用，目的是从多个方面作用于含尘空气，使空气中的粉尘最大限度地分离。

当处理风量较大，选择一台离心式除尘器筒体直径较大时，可以使用多个小直径离心式除尘器并联，一是能够处理较大的风量，二是小直径离心式除尘器除尘效率更高。一般两个离心式除尘器并联简称二联；四个离心式除尘器并联称为四联；多个离心式除尘器并联称为多管旋风除尘器（或旋风子）。图 2-11 为四联离心式除尘器的型式和结构。

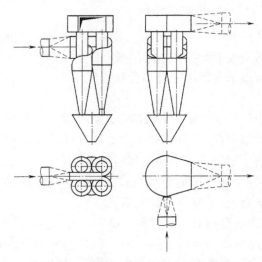

图 2-11　四联离心式除尘器的型式和结构

离心式除尘器并联使用时，常将它们的进风口并在一起安装，如二联离心式除尘器的进风口为横放的"日"字型，四联离心式除尘器的进风口为"田"字型。离心式除尘器并联使用，在制作时应该是一半数量的左旋进口离心式除尘器，一半数量的右旋进口离心式除尘器。

用于并联的离心式除尘器多为下旋型，如下旋 55 型、下旋 60 型。

并联时：

$$Q = Q_1 + Q_2 + \cdots + Q_n \tag{2-13}$$

$$H = H_1 = H_2 = \cdots = H_n \tag{2-14}$$

式中，Q、H——除尘器的总处理风量、总阻力；

　　Q_1、H_1——第一台离心式除尘器的处理风量、阻力；

　　Q_n、H_n——第 n 台离心式除尘器的处理风量、阻力。

因此，除尘器并联使用时，选择方法同单台，只是处理风量按总处理风量的 $1/n$ 确定。

【例 2-3】　某除尘风网风量为 7600m³/h，选择离心式除尘器。

解　因为处理风量较大，所以采用四联型式使用。

单台除尘器处理风量为　　　$Q_处 = 7600/4 = 1900$（m³/h）

选择下旋 55 型离心式除尘器。

根据附录八下旋 55 型离心式除尘器性能表，因为处理风量 $Q_处 = 1900$m³/h，表格中的筒体直径满足不了，可以根据下旋 55 型离心式除尘器的进口尺寸进行计算。

进口面积：　　　　　　　　$A_j = cb = 0.45D \times 0.225D$

处理风量：　　　　　　　　　$Q_处 = A_j u_j$

选择进口风速 $u_j = 15$m/s，则

$$A_j = \frac{Q_处}{u_j} = \frac{1900}{3600 \times 15} = 0.035185（m^2）= 35185（mm^2）$$

$$D = \sqrt{\frac{A_j}{0.45 \times 0.225}} = \sqrt{\frac{35185}{0.45 \times 0.225}} = 590（mm）$$

根据附录八下旋 55 型离心式除尘器性能表，得到除尘器阻力：$\Delta H_除 = 80 \times 9.81$Pa。

所以，所选择的离心式除尘器为下旋 55 型，$D = 590$mm，$\Delta H_除 = 80 \times 9.81$Pa，四联。

四联离心式除尘器在制作时，两台做成左旋进风口，两台做成右旋进风口。灰斗、上部的收集风箱等构件可根据车间情况和相关内容要求制作。

2.5　布袋除尘器

布袋除尘器是利用多孔过滤介质——滤布，来分离含尘气流中粉尘的设备。布袋除尘器是除尘器各类型中应用最广泛的一种，是含尘空气排放浓度达到环保要求的必备除尘设备。

布袋除尘器最显著的特点是对含尘空气中微细粒径粉尘的除尘效率特别高，除尘效率一般都在99%以上，属于高效除尘器，而且从含尘空气中分离的最小粉尘粒径达到0.01μm。布袋除尘器的滤布必须及时清灰，否则黏附了大量粉尘的滤布阻力将逐渐升高，会使布袋除尘器的处理风量逐渐下降，进而使整个除尘风网系统无法继续正常工作，所以布袋除尘器的滤布清灰非常重要，这是布袋除尘器的又一显著特点。从便于滤布清灰的角度，布袋除尘器不宜过滤黏结性强、吸湿性高的粉尘。布袋除尘器运行稳定，除尘效率不受风量波动影响，可使用的滤料种类繁多，如棉、毛、人造材料、天然材料或其他材料等都可加工制作成滤布使用，常用的滤料有涤纶绒布、针刺呢、电力纺绸、玻璃纤维等。

2.5.1　布袋除尘器的除尘机理

布袋除尘器的除尘机理主要取决于滤布以及滤布上粉尘层的过滤效应。

1. 滤布的筛滤作用

滤布是布袋除尘器的关键部件，当含尘气流穿过滤布时，由于滤布的筛滤作用，粉尘得以与气流分离。滤布是有孔径的，滤布的孔径一般为20~50μm，表面起绒的滤布孔径为5~10μm，当含尘空气中粉尘的粒径大于滤布孔径时，粉尘就被截留在滤布的一侧，即被分离；而当粉尘粒径小于滤布孔径时，粉尘则随气流穿过滤布，随气流排放到大气中。

滤布的筛滤作用实质上也是一种"筛分"作用，只不过筛分的物料不是固体散料而是含尘空气。滤布"筛分"作用的筛上物即被截留下来的粉尘，而筛下物即为穿过滤布的粉尘，当然筛下物越少越好。

新滤布过滤含尘空气一段时间后，滤布上会黏附越来越多的粉尘，由于粉尘颗粒的堆积作用，滤布的有效孔径将逐渐减小，此时滤布上的粉尘层对含尘气流的过滤成为主要方面，而滤布成为保证粉尘层存在的骨架。实质上，正是滤布上粉尘层的过滤作用，才使得布袋除尘器能够除下更为微细的粉尘，布袋除尘器的除尘效率也才显著增加，但同时气流穿过滤布的阻力也在增大。为了防止布袋除尘器滤布上粉尘越积越多、越积越厚，滤布阻力越来越高，滤袋上的积尘必须及时清除，但清除滤布表面积灰时，不是彻底清除、打扫得干干净净，而是在滤布上还保留一层粉尘层，保留的粉尘层称为粉尘初层。

粉尘初层即与滤布接触，并在滤布表面黏附、堆积的很薄的一层粉尘。这部分粉尘已深深渗透到滤布内部并且也是和滤布黏附最强的。新滤布的除尘效率一般都比较低，但粉尘初层的存在，使得布袋除尘器的除尘效率显著上升。

基于粉尘层有利于滤布除尘效率的大大提高，为了提高滤布自身的除尘效率，人们织造滤布时常在普通的滤布表面覆上一层有微孔的薄膜，这层薄膜即人造粉尘层。

2. 碰撞作用

含尘气流穿过滤布时，一部分粉尘和滤布发生碰撞，发生能量交换后粉尘被滤布吸附或在重力作用下发生沉降。

3. 静电吸附

气流穿过滤布时，与滤布摩擦，可使滤布带电，而空气中的粉尘也会在运动中带上电荷，从而增加了粉尘和滤布之间吸附的机会。

4. 扩散作用

粒径小于 0.2μm 的粉尘粒子和空气分子发生碰撞后会产生不规则运动，增加了与滤布的碰撞机会，一部分粒子会被滤布或粉尘层截留，这种现象称为粉尘扩散作用。因扩散作用粉尘被捕集的除尘效率可用式（2-15）表示：

$$\eta = \frac{6\left(\dfrac{KT}{3\pi\mu d_s}\right)^{\frac{2}{3}}}{v^{0.5}d_f^{\frac{1}{6}}d_s^{\frac{2}{3}}u^{0.5}} + \frac{3d_s^2 u_0^{0.5}}{v^{0.5}d_f^{1.5}} \qquad （2-15）$$

式中，η——捕集效率；

K——系数，$K = 1.380 \times 10^{-23}$；

T——气体热力学温度；

v——空气的运动黏性系数；

μ——空气的动力黏性系数；

d_f——滤布纤维直径；

d_s——粉尘粒径；

u——过滤风速；

u_0——气流穿过滤布的真速度。

式（2-15）中，等式右边第一项表示扩散效果，第二项表示截留效果。所以通过降低过滤风速 u，缩小滤布纤维直径 d_f，提高气体热力学温度 T，都可以增加扩散作用的效果，而且粉尘粒径 d_s 越小扩散作用也越显著；而气流穿过滤布的真速度 u_0 大，纤维细，粉尘粒径粗，截留效果会提高。

5. 重力沉降作用

含尘气流进入布袋除尘器箱体内部后，气流速度有所降低，粗大颗粒粉尘会因重力作用而发生沉降。

2.5.2 布袋除尘器滤布的清灰

布袋除尘器滤布的及时清灰，对除尘器能否正常运行非常重要，实质上滤布的清灰就是滤布的再生过程。及时清灰使滤布的阻力始终维持在一个稳定的水平上，只有这样，布袋除尘器才能在过滤—清灰—过滤的良性循环中完成除尘工作。

1. 滤布过滤含尘空气时的阻力变化特性

对于布袋除尘器箱体中的单个滤袋，在工作时，其阻力的变化特性如图 2-12 所示。图 2-13 为滤袋清灰效果较差时的阻力变化特性曲线。

由图 2-12 可知，当滤袋过滤过程中不清灰时，其阻力会逐渐上升（图中的曲线②）；当清灰效果良好时，滤袋阻力维持在一个稳定的数值范围内（图中的曲线①），即在阻力上限和下限之间波动。

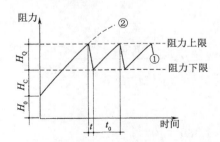

图 2-12　单个滤袋工作时的阻力特性曲线

H_0. 滤布阻力；H_C. 粉尘初层阻力；H_Q. 清除的粉尘层阻力；t. 清灰时间；t_0. 清灰间隔；
①正常清灰时的滤袋阻力曲线；②不清灰时的滤袋阻力曲线

图 2-12 中，横坐标上 t 为布袋的清灰时间，一般布袋的清灰时间都很短，在 $0.1\sim10s$ 之间，瞬间的清灰动作使布袋变形，粉尘被振落。布袋瞬间清灰具有脉

冲的特性，因而布袋除尘器也称为脉冲除尘器。

图 2-13 表明，滤袋虽然有清灰装置，但如果清灰效果较差，滤袋的阻力会逐渐增加。

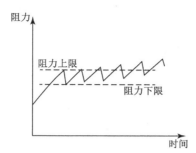

图 2-13　滤袋清灰效果差时的阻力变化特性曲线

布袋除尘器是除尘风网系统中的一台除尘设备，它对空气的流动是有阻力的。可以将布袋除尘器简化成除尘风网中管道上的一个阀门，当布袋除尘器阻力逐渐升高时，意味着这个"阀门"在逐渐关闭，而阀门逐渐关闭的结果是，通过阀门的风量逐渐下降，这也是布袋除尘器清灰效果差、阻力升高时对整个除尘风网影响的结果。

2. 布袋除尘器的清灰方式

布袋除尘器的清灰方式，主要有三种：人工清灰、机械清灰和气流喷吹清灰。

1）人工清灰

人工清灰，就是操作工人根据现场布袋除尘器运行情况的需要，利用棍棒等工具对滤袋进行敲打，在棍棒敲打滤袋的过程中，黏附在滤袋表面的粉尘被振落，因而滤袋得到清理。滤袋的人工清灰方式是滤袋清灰方法中最原始的一种，尽管该方法存在工人劳动强度大、清灰效果不均匀而且滤袋磨损严重等问题，但这种方法简便易行，不消耗电能而且除尘器造价低。

采用人工清灰方式时，含尘气流穿过滤布的方向，一般采用由内向外，即含尘气流由布袋内穿过滤袋，粉尘被截留在滤袋的内表面上，而穿过滤袋的空气为净化空气。这样的布袋除尘器，没有机壳，布袋裸露，操作工人可以站在布袋除尘器周围进行清灰作业。

2）机械清灰

机械清灰是利用电动机带动某种机构运动（或电磁振动）时，布袋受到力的作用发生变形而使黏附粉尘脱落的清灰方法。机械清灰的原理是滤袋抖动时惯性力的作用以及滤袋的变形使黏附在滤袋表面的粉尘脱落。根据布袋的抖动特点，布袋的机械清灰方式主要有以下三种类型，如图 2-14 所示。

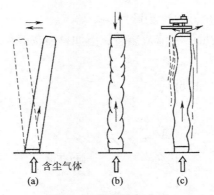

图 2-14 机械清灰方式

（a）水平振动；（b）垂直振动；（c）扭转振动

图 2-14（a），对布袋施加水平力，使滤袋发生往复摆动来清灰，称为水平振动清灰方式。图 2-14（b），在垂直方向对布袋施加作用力，使布袋上下运动以达到清灰目的，称为垂直振动清灰方式。图 2-14（c），是机械扭转振动清灰方式。电动机带动某个机构周期性地将滤袋扭转一定角度，使滤袋变形而进行清灰。

机械清灰方式的特点是清灰强度高而且不均匀，布袋某些部位磨损快，但结构简单。

3）气流喷吹清灰

气流喷吹清灰是利用与过滤气流相反的、具有一定压力和流动速度的气流的作用，使滤袋发生瞬间变形，从而造成滤袋表面粉尘脱落的一种清灰方式。

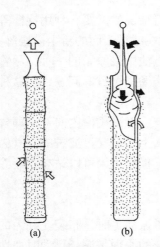

图 2-15 气流喷吹清灰的原理图

（a）过滤；（b）喷吹

采用气流喷吹清灰方式时，滤袋过滤含尘气流的方向由外向内，而清灰气流的方向则由内向外，在这种方式下，喷吹的清灰气流将滤袋瞬间膨胀，膨胀的滤袋抖落滤袋外表面黏附的粉尘。为了防止由外向内穿过滤袋的含尘气流穿过滤袋时压瘪滤袋，这种过滤和清灰方式的滤袋内部都套有支撑骨架。

气流喷吹清灰的原理图，如图 2-15 所示。

根据喷吹气流的压力高低，气流喷吹清灰方式分为三种类型：以高压离心式通风机为喷吹气源设备的反吹风清灰方式，以罗茨鼓风机为喷吹气源设备的反吹风清灰方式和以空气压缩机为喷吹气源设备的反吹风清灰方式。

以高压离心式通风机为喷吹气源设备的反吹风清灰方式，高压离心式通风机的类型多选用 9～19 型，喷吹压力一般为 3000～8000Pa。

以罗茨鼓风机为喷吹气源设备的反吹风清灰方式，罗茨鼓风机的类型多选用三叶型罗茨鼓风机，喷吹压力一般为 0.05～0.08MPa。有时也选用 YBW 型无油滑片气泵或者 DLB 型层叠式泵供气。

以空气压缩机为喷吹气源设备的反吹风清灰方式，空气压缩机喷吹压力一般为 6～8atm（ $1atm = 1.01325 \times 10^5 Pa$ ）。

3. 布袋除尘器的清灰状态

布袋除尘器工作时，滤袋有三种工作状态：过滤状态、静止状态和清灰状态。静止状态即滤袋没有过滤空气，也没有清灰的状态。

布袋除尘器的滤袋清灰时，如果其过滤过程不停止，即在过滤的同时进行清灰，这就是两状态的布袋除尘器。两状态的布袋除尘器体积小、结构紧凑，但在清灰机理上存在缺陷：布袋过滤的同时进行清灰，清灰动作停止后，清下的灰尘容易被过滤气流重新带到布袋表面，使清灰效果下降，因而在此基础上发展有三状态除尘器和四状态除尘器。

三状态除尘器工作时，在过滤状态之后有一个静止状态，静止状态之后是清灰状态，清灰状态后再次进入过滤状态，周而复始。工艺流程如下：

过滤状态→静止状态→清灰状态→过滤状态→……

三状态除尘器也可以是在过滤状态之后进入清灰状态，而在清灰状态后有一个静止状态，静止状态之后再次进入过滤状态，工艺流程如下：

过滤状态→清灰状态→静止状态→过滤状态→……

四状态除尘器工艺流程如下：

过滤状态→静止状态→清灰状态→静止状态→过滤状态→……

显然，三状态除尘器在清灰状态之后有一个静止状态，对提高清灰效果最有利。四状态除尘器在清灰状态之前、之后都有一个静止状态，清灰效果更好。

既然在对布袋清灰时，清灰状态之前、之后都有一个静止状态更有利于提高清灰效果，因此制造布袋除尘器时，一台布袋除尘器可以有两个或多个除尘室。例如，一台除尘器有两个除尘室，两个除尘室交替进行过滤和清灰：即一个除尘室的布袋进行过滤时，另一个除尘室内的布袋进行静止、清灰和静止等待状态，然后交替进行过滤。

2.5.3　影响布袋除尘器除尘效率的因素

1. 滤布的性能

滤布是布袋除尘器的主要部件，除尘效率、设备阻力和维修管理都与滤布的材质及使用寿命有关，正确选择滤料对使用布袋除尘器具有重要意义。良好的滤料必须具备：具有一定的容尘量，过滤效率高；透气性好，阻力低；容易清灰；机械性能好，抗拉、抗磨和耐折；耐腐蚀，防静电，吸湿性小等。

常用的滤布有 208 工业涤纶绒布、729 滤布、针刺滤布和复合滤布等。

208 工业涤纶绒布是我国早期为布袋除尘器开发的滤布，分单面绒和双面绒两种，安装时，绒面为迎尘面。特点是表面绒毛能阻挡部分粉尘穿透滤布，有助于粉尘层的形成；清灰时滤袋膨胀表面绒毛错位移动使得粉尘容易脱落，这也使得滤布表面的粉尘初层容易遭到破坏，清灰后重新滤尘时过滤效率下降，而且灰尘会在绒毛间或滤布表面结成尘垢，不易清灰。

针刺滤布属于无纺织物，空隙率高达 70%～80%，是一般滤布的 1.6～2.0 倍，因而透气性好，阻力低，而且过滤效率高，容易清灰。

复合滤布是由两种或两种以上的过滤材料复合而成的滤布。复合滤布有两种类型：一种是用两种以上不同的过滤材料加工整理而成，另一种是在已有的滤布表面覆盖微孔薄膜而制成的滤布。

滤布表面覆盖微孔薄膜制成的复合滤布，表面光滑、多微孔、空隙率高，可以实现表面过滤，使粉尘只停留在滤布表面，提高了滤料粉尘的脱落性，容易清灰。通常的工业滤布多属于深层过滤，即粉尘容易渗透到滤布内部，使得滤布清灰困难而且阻力大。

2. 过滤风速

含尘气流穿过滤布的速度即为过滤风速，或单位时间单位面积滤布所处理的空气量——单位负荷。

过滤风速是布袋除尘器的一个重要的技术参数。提高过滤风速，可增大布袋除尘器的处理风量，节省滤布，减小设备体积，但阻力也增加，同时较高的过滤风速也会将滤布上的粉尘重新吹起，而且滤布两侧的压差增大，会使一些微细粉尘渗入滤布内部，即穿过滤布致使排放浓度增加，除尘效率下降。较高的过滤风速还会使滤布表面粉尘层的形成加快，使得清灰次数增加，清灰设施规模增大，耗电增加和滤袋磨损加快。

一般，处理微细或难于捕捉的粉尘、机械清灰时，应选取较低的过滤风速。对于人工清灰方式的布袋除尘器，过滤风速一般低于 0.5m/min；对于机械振打式清灰方式的布袋除尘器，过滤风速一般低于 1.1m/min；对于气流喷吹式清灰方式的布袋除尘器,过滤风速一般低于 4.0m/min。

3. 工作条件

布袋除尘器的除尘效率与工作条件如含尘空气的温度、湿度,粉尘浓度、粉尘粒径大小、粉尘表面特性等因素关系密切。当含尘空气的温度低于露点温度时,水分会在滤布上凝结,造成粉尘层结块不易清掉。

含湿气体容易使滤袋表面黏附的粉尘变得湿润,黏结性强,尤其对于那些吸水性、潮解性和湿润性粉尘,会引起糊袋现象,这时应选择表面光滑、长纤维和容易清灰的滤布,经过表面处理的滤布和复合滤布应为高湿气体或粉尘的首选。

4. 滤袋清灰效果

滤袋的及时清灰对布袋除尘器能否正常运行起着关键作用。如果滤袋不清灰或清灰不及时,滤布表面沉积的粉尘将越积越厚,因而气流通过布袋除尘器的阻力将会越来越大,与此同时会导致通过布袋除尘器的风量越来越小,即布袋除尘器的处理风量降低。布袋除尘器的处理风量降低实质是风网系统各尘源处的吸风量在降低,最终使粉尘控制系统无法正常运行。

清灰的基本要求是从滤布上迅速、均匀地清落沉积的粉尘,同时又能保持一定的粉尘初层,并且不损伤滤袋和消耗动力较少。

2.5.4 布袋除尘器的类型

布袋除尘器是工业通风中污染空气净化广泛使用的一类除尘器,类型较多。

1. 按滤袋形状分类

(1)圆袋式布袋除尘器。

布袋除尘器的滤布做成圆袋形状,直径一般小于 300mm。圆袋膨胀均匀,易于布置,易于清灰。

(2)扁袋式布袋除尘器。

滤袋截面形状为方形或梯形,过滤面积大,长边膨胀幅度大,排列时要求有较大的间隙,易于用高压离心式通风机喷吹气流清灰。

2. 按过滤方向分类

(1)内滤式布袋除尘器。

含尘气流由内向外穿过滤袋,粉尘被截留在滤袋的内表面上。由于穿过滤袋的空气是净化空气,因此内滤式布袋除尘器可以无机壳,滤袋可以无支撑骨架,适合人工清灰,便于换袋和检修。

（2）外滤式布袋除尘器。

含尘气流由外向内穿过滤袋，粉尘被截留在滤袋的外表面上。由于空气由外向内穿过滤袋，因此，滤袋内部必须有支撑骨架以防止滤袋被吹瘪，同时频繁的滤布清灰增加了滤袋与骨架的磨损。

3. 按清灰方式分类

所有类型的布袋除尘器，其粉尘分离机理都是相同的——滤布的过滤作用，最大的差别就是清灰方式的不同。

（1）机械清灰方式除尘器。

人工清灰或电动振打清灰。

（2）气流清灰方式除尘器。

压缩空气气流（压力 0.6～0.8MPa）清灰、低压气流（压力 0.05～0.08MPa）清灰和一般压力气流（压力 3000～8000Pa）清灰等。

一般，机械清灰方式装置简单、强度高且清灰不均匀，易磨损滤布和清灰效果差，现代的布袋除尘器已较少使用。而气流清灰方式因为清灰均匀、清灰效果好、允许有较高的过滤风速和易于实现自动控制等优点，使用广泛。

2.5.5　布袋除尘器的应用

粮食工业常用的布袋除尘器有简易压气式布袋除尘器、回转反吹风布袋除尘器和各种型式的脉冲布袋除尘器。

1. 简易压气式布袋除尘器

简易压气式布袋除尘器由上箱体、布袋和下箱体三部分构成，结构示意图如图 2-16 所示。

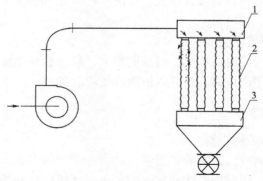

图 2-16　简易压气式布袋除尘器结构示意图

1. 上箱体；2. 布袋；3. 下箱体

上箱体即含尘空气分配箱，上箱体的一侧为含尘空气进风口，其底板为多孔板，多孔板上安装有小短管，以套装和捆扎布袋。下箱体即收集灰斗，下箱体的顶盖为多孔板，多孔板上安装有与上箱体相对应的小短管以套装和捆扎下垂的布袋。下箱体的底部为收集灰斗和排灰口，排灰口上安装闭风器以排灰和闭风。上下箱体之间为布袋。

简易压气式布袋除尘器安装在风机的压气段上，过滤方式为内滤式，即含尘气流由内向外穿过滤袋，粉尘被截留在滤袋的内表面上，穿过滤袋的空气为干净空气。

简易压气式布袋除尘器的工作过程：含尘气流由风机的排气管压送到上箱体中，经过上箱体底板多孔板的分配作用，进入每一个布袋中，含尘空气由内向外穿过滤袋，粉尘被截留在滤袋的内表面上，而净化之后的空气直接排入室内，最后经门窗排入大气中。

简易压气式布袋除尘器的清灰方式为人工清灰，通过人工敲打，黏结在滤袋内表面上的粉尘被振打脱落进入收集灰斗中，并经闭风器排出。

简易压气式布袋除尘器结构简单、制造容易、操作方便、造价低。从滤袋排出的空气具有一定的温度，在冬季具有一定的供热作用。

简易压气式布袋除尘器的主要参数：

布袋直径：$d = 100 \sim 300\text{mm}$；布袋长度：$L = 2 \sim 4\text{m}$；布袋净间距：$\delta = 60\text{mm}$；单位负荷：$q \leqslant 30\text{m}^3 / (\text{m}^2 \cdot \text{h})$；阻力 $\Delta H = 100 \sim 300\text{Pa}$。

简易压气式布袋除尘器滤布过滤面积计算：

$$F = \frac{Q}{q} \tag{2-16}$$

式中，F——布袋除尘器滤布过滤面积，m^2；

　　　Q——布袋除尘器的处理风量，m^3/h；

　　　q——布袋除尘器的单位负荷，$\text{m}^3 / (\text{m}^2 \cdot \text{h})$。

布袋个数 n 的计算：

$$n = \frac{F}{\pi d L} \tag{2-17}$$

式中，n——布袋个数；

　　　d——布袋的直径，m；

　　　L——布袋除尘器的长度，m。

简易压气式布袋除尘器的外形一般为方形，因而布袋的排列通常是，长度方向上布置 n_1 个布袋，宽度方向上布置 n_2 个布袋，使得 $n = n_1 \times n_2$。根据现场位置和条件，简易压气式布袋除尘器的外形也可为其他形状。

2. 回转反吹风布袋除尘器

回转反吹风布袋除尘器的结构如图 2-17 所示。

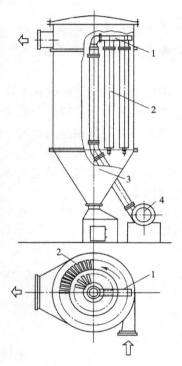

图 2-17　回转反吹风布袋除尘器结构图
1. 旋臂；2. 布袋；3. 灰斗；4. 反吹风风机

回转反吹风布袋除尘器主要由四部分构成。

上部筒体：包括净化空气排气口、反吹风风机、旋臂式喷吹管及其旋转机构。

中部筒体：包括布袋及其骨架、进风口等。

下部筒体：包括灰斗、排灰装置等。

反吹风控制系统：脉冲控制仪等。

回转反吹风布袋除尘器属于外滤式过滤方式，即含尘气流由外向内穿过滤袋，粉尘被截留在滤袋的外表面上，穿过滤袋的空气为干净空气。布袋为梯形扁袋形状，为防止过滤时滤袋被吸瘪，每条滤袋内设有金属支撑骨架。

回转反吹风布袋除尘器的清灰装置一般安装在上部筒体顶盖上，反吹风风机通过顶盖中心的垂直管道与旋臂连接，旋臂式喷吹管由顶盖上的减速器驱动。旋臂式喷吹管的底板上，开有和梯形布袋尺寸一致的喷吹口，随着旋臂喷吹管的旋转，从喷吹口喷出的高压气流对布袋依次进行喷吹。为保证除尘风网系统通风量的稳定性，反吹风风机的进气管通常连接在上部筒体上，吸的是布袋除尘器中的净化空气。

回转反吹风布袋除尘器的下部筒体即粉尘收集室，早期的布袋除尘器下部筒体多为锥形灰斗，落入锥形灰斗的粉尘靠重力作用流向排灰口并经排灰口上的闭风器排出。而现在，为降低布袋除尘器的高度，布袋除尘器下部筒体多为平底型式，并在平底形灰斗内安装旋转式刮板，在旋转式刮板的推动作用下，落入灰斗的粉尘被刮向排灰口，最后经排灰口上的闭风器排出。

含尘空气由设在中部筒体的进风口切线方向进入除尘器筒体内部，进入除尘器筒体内部的含尘空气在穿过滤布时，粉尘被截留在滤袋的外表面上，进入滤袋的空气由滤袋上部流出进入上部筒体，最后经上部筒体的排气口排出。黏附在滤袋外表面的粉尘，通过安装在上部筒体内的回转式旋臂反吹风气流垂直向下喷吹作用，布袋膨胀粉尘被吹落入灰斗中。旋臂式喷吹管的反吹风气流来自反吹风高压风机。旋臂每旋转一圈，滤袋被喷吹一次。旋臂旋转一圈的时间为喷吹周期，喷吹滤袋的时间为喷吹时间。喷吹周期和喷吹时间均可由脉冲控制仪控制和调节。

3. 脉冲布袋除尘器

脉冲除尘器有高压脉冲除尘器和低压脉冲除尘器两种类型。从外形上，高压脉冲除尘器多为方形，低压脉冲除尘器多为圆筒形。除了二者的外形不同外，它们的区别主要表现在清灰方式上。

首先高压脉冲除尘器以空气压缩机为反吹风气源设备，而空气压缩机产生的压缩空气会产生水蒸气、油气的凝结，因而严重影响电磁脉冲阀的寿命，所以必须为空气压缩机配置油水分离器；其次，因为空气压缩机的排气不连续，会引起压力的脉动，空压机还必须配备储气罐；再次，$0.6 \sim 0.8\text{MPa}$ 的喷吹压力使得所配储气罐、管道等反吹风设施属于压力容器范围，制造复杂，造价高；然后，高压脉冲除尘器的反吹风装置工作时，空压机产生的高压空气，相当一部分能量消耗在了反吹风管网系统上，其压力损失数值可达 $2 \times 10^{5}\text{Pa}$ 以上，其中以脉冲阀消耗阻力为最大，而实质上布袋除尘器清灰时不需要压力特别高的空气；最后，空气压缩机的运行、维修工作量大，种种原因使得低压脉冲除尘器的应用成为主流。

高压脉冲除尘器的结构如图 2-18 所示。高压脉冲除尘器的气流喷吹清灰系统如图 2-19 所示，文氏管喷吹示意图如图 2-20 所示。

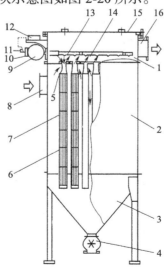

图 2-18　高压脉冲除尘器的结构图

1. 上箱体；2. 中箱体；3. 下箱体；4. 闭风器；5. 下进气口；6. 滤袋框架；7. 滤袋；8. 上进气口；9. 气包；
10. 嵌入式脉冲阀；11. 电磁阀；12. 脉冲控制仪；13. 喷吹管；14. 文氏管；15. 顶盖；16. 排气口

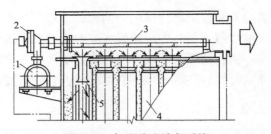

图 2-19　气流喷吹清灰系统

1. 气包；2. 脉冲阀；3. 喷吹管；4. 滤袋；5. 文氏管

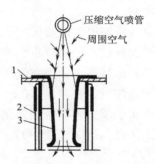

图 2-20　文氏管喷吹示意图

1. 多孔板；2. 滤袋；3. 文氏管

　　高压脉冲除尘器的气流喷吹清灰系统由脉冲阀、储气包、喷吹管、文氏管和脉冲控制仪等部分构成。脉冲阀一端连接压缩空气储气包，另一端连接喷吹管。脉冲阀的背压室接控制阀，脉冲控制仪控制着控制阀和脉冲阀的开启和关闭。当脉冲控制仪没有信号输出时，控制阀的排气口被关闭，脉冲阀处于关闭状态；当脉冲控制仪有信号输出时，控制阀的排气口被打开与大气相通，使得脉冲阀的背压室压力迅速降低，膜片两侧产生压力差，膜片在压力差作用下产生位移，脉冲阀喷吹喷口被打开，此时压缩空气从储气包通过脉冲阀进入喷吹管，进入喷吹管中的高压空气经管底部的小孔喷出。当这股喷吹气流通过文氏管时，文氏管诱导数倍于压缩空气的周围空气进入布袋，造成布袋内部瞬间正压，使布袋膨胀从而实现清灰。高压脉冲除尘器的气流喷吹清灰系统工作原理如图 2-21 所示。

　　高压脉冲除尘器的气流喷吹清灰系统中，压缩空气的供气设备主要由空气压缩机、储气管、油水分离器等构成。

　　低压脉冲除尘器的结构如图 2-22 所示，它由四部分构成：

　　上部筒体：含有净化空气排气口、反吹风系统等；

　　中部筒体：含有切向进气口、滤袋及其支撑骨架；

　　下部筒体：平底或锥形收集灰斗（平底灰斗有排灰机构）、闭风器等；

　　反吹风控制系统：含脉冲控制仪、反吹风气源设备等。

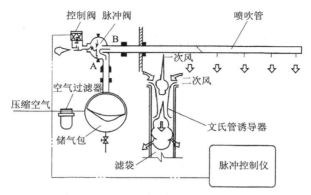

图 2-21　高压脉冲除尘器气流喷吹清灰系统工作原理图

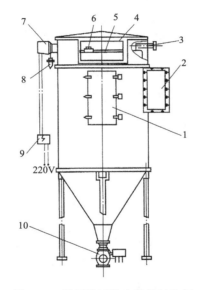

图 2-22　低压脉冲除尘器的结构图

1. 检查门；2. 进风口；3. 高压空气进口；4. 出风口；5. 气包；6. 脉冲阀；7. 脉冲控制分配器；
8. 空气过滤器；9. 脉冲控制仪；10. 闭风器

　　低压脉冲除尘器的反吹风系统主要由位于上部筒体内部的高压气室、低压脉冲阀、喷吹管、文氏管以及气源设备——罗茨鼓风机或气泵等组成。

　　低压脉冲除尘器的工作过程：含尘空气从中部筒体切向进入，含尘气流中部分粗大颗粒粉尘会由于离心力作用直接落入灰斗，其余粉尘则随气流穿过滤袋时被截留在滤袋表面，而进入滤袋内部的净化空气则在滤袋内向上流动进入上部筒体，最后经上部筒体的排气口排出。为使除尘器的阻力不因滤尘时间增长而增加，即维持在一定范围内，如 800～1500Pa，反吹风装置在除尘器工作时也同时运行，即在脉冲控制仪的控制下，按照一定的喷吹时间、喷吹周期对滤袋吹风清灰。

一般，低压脉冲除尘器采用一阀两袋或一阀一袋喷吹结构，气源设备为三叶罗茨鼓风机或层叠气泵等。

在确定脉冲除尘器的种类后，脉冲除尘器的选用以处理风量为依据，只要实际需要处理的含尘空气量落在所选除尘器的处理风量范围之内即可。

部分脉冲除尘器的型号、规格、性能见附录九。

2.6　闭　风　器

闭风器是除尘器连续、正常运行必须选配的设备，安装在除尘器的排灰口上，是除尘器最重要的辅助设备，起着将除尘器分离的粉尘顺利、连续排出并且排灰的同时使排灰口不漏气即闭风的双重作用，闭风器的性能好坏直接影响着除尘器能否正常运行。

2.6.1　闭风器的类型和结构

在通风除尘系统中，除尘器配套使用的闭风器主要有三种类型：叶轮型闭风器、压力门式闭风器和绞龙式闭风器。

图 2-23 所示为叶轮型闭风器的一般结构。叶轮型闭风器又称旋转式闭风器、关风器等，也可作为供料器使用。

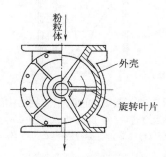

图 2-23　叶轮型闭风器的结构图

叶轮型闭风器由叶轮和圆柱形的机壳构成，机壳两端用端盖密封，壳体的上部为进料口，下部为出料口。叶轮一般有 6～12 个叶片，使机壳内空间分为 6～12 个空腔。为了减少闭风器的漏风量，叶轮与机壳、叶轮端盖与机壳端盖间的间隙控制在 0.025～0.800mm 之间。当叶轮通过传动装置在壳体内旋转时，物料从进料口落入叶轮的空腔（叶室）内，并随着叶轮旋转从下部流出，而闭风器上部除尘器灰斗内的具有一定压力的空气则在此被隔断。

叶轮型闭风器的特点是能定量排料，而且可以通过调节叶轮的转速调节排料产量；性能稳定，结构紧凑、简单，体积小；气密性与加工精度、使用材料关系密切。

压力门式闭风器（图 2-24）是依靠在垂直排料管中堆积一定高度的物料柱来完成闭风和排料工作的。工作时，靠调节压力门上重锤的位置来调节垂直排料管道中物料柱的高度，使压力门式闭风器最终排料连续又始终保持一定高度的物料柱达到闭风的效果。

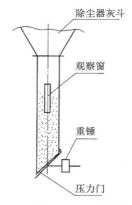

图 2-24　压力门式闭风器结构示意图

压力门式闭风器的优点是结构简单、制作简便、无须动力。缺点是性能不稳定、不可靠；当除尘器灰斗内真空度较高时，需要比较高的垂直物料柱；对于黏度大、水分高、纤维性物料，易结柱，排料不稳定，易发生堵塞现象。

图 2-25 为绞龙式闭风器的结构。绞龙式闭风器工作时，物料由进料口落入到绞龙中，随着绞龙的旋转物料向排料口方向输送，但是由于排料口上安装有压力门，于是，在压力门和绞龙的螺旋叶片之间就形成一段比较密实的水平物料柱，随着物料的不断进入，最终物料柱顶开压力门开始排料，此时就达到了闭风和连续排料。

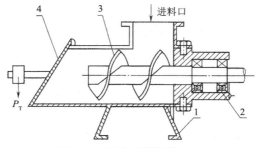

图 2-25　绞龙式闭风器

1. 支架；2. 轴承；3. 绞龙叶片；4. 压力门

绞龙式闭风器的特点是高度低、体积小，具有较强的抗堵塞、抗杂物缠绕能力。绞龙式闭风器刚开始运转时，闭风器内物料少形不成物料柱靠压力门闭风，料柱形成正常排料后性能稳定。绞龙式闭风器一般趋于水平安装或略有倾角安装，由于物料柱短和排料时压力门和排料口之间有缝隙，因而不适于高真空度场合的闭风和排料。

2.6.2　叶轮型闭风器的性能

叶轮型闭风器由于具有性能可靠、结构简单、适应性强等优点为当前各类除尘器所配套使用。

1. 叶轮型闭风器的型式

图 2-26 为叶轮型闭风器的两种基本型式，叶轮有侧面挡板和无侧面挡板。有侧面挡板可避免物料与端盖的直接接触，减少端盖的磨损，但粉体也可通过侧面挡板与机壳间隙进入到挡板和端盖的空腔，这部分粉体如果没有排料口，有时会阻碍叶轮旋转。无侧面挡板结构简单，但排放研磨性高的物料时端盖容易受磨损，增大轴向漏气。

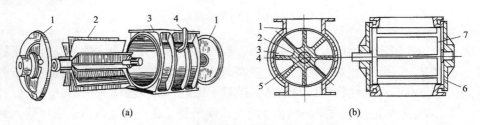

(a)　　　　　　　　　　　　　　(b)

图 2-26　叶轮型闭风器的两种基本型式
（a）叶轮型供料器（无侧面挡板）；（b）叶轮型供料器（有侧面挡板）
（a）：1. 端盖，2. 叶轮，3. 壳体，4. 均压管；（b）：1. 壳体，2. 叶轮，3. 格室，
4. 叶片，5. 转轴，6. 端盖，7. 侧面挡板

图 2-27 为叶轮型闭风器叶片的几种安装方式：平行式、螺旋式和"W"型式。平行式叶轮属于间断性排料，而螺旋式和"W"型式叶轮可实现连续排料，也可改变平行式叶轮闭风器进料口的型式实现连续排料，如图 2-28 所示。

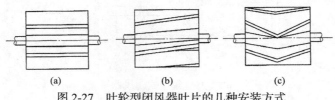

(a)　　　　　　　　(b)　　　　　　　　(c)

图 2-27　叶轮型闭风器叶片的几种安装方式
（a）平行式；（b）螺旋式；（c）"W"型式

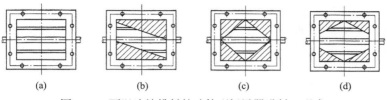

图 2-28 可以连续排料的叶轮型闭风器进料口型式

图 2-29 所示为叶轮型闭风器的两种典型进料口型式：直口式和偏口式。偏口式叶轮闭风器使得物料进入闭风器机壳内和排出时与闭风器机壳内壁的接触最少，大大减少了机壳的磨损，将物料对机壳内壁的磨损引起的密封性能下降降到了最低程度。而直口式进料方式，如图 2-29（b）所示，随着叶轮的旋转物料通过闭风器时与机壳内壁接触、摩擦，会降低闭风器的密封性能。

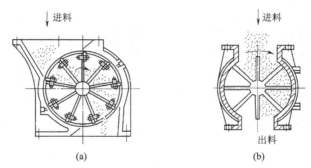

图 2-29 直口式和偏口式叶轮型闭风器
（a）偏口式；（b）直口式

图 2-30 所示为叶轮型闭风器的几种安全措施。图 2-30（a）为在叶片端部安装刀具，刀具一般由合金钢制成，刀刃锋利，与闭风器机壳内壁密封配合。当物料中的大型杂质如木块、棍棒、绳索、铁丝等异物随叶轮旋转到达进料口边沿时，锋利的刀刃可以剪断异物，从而使得叶轮正常运转不被卡死。图 2-30（b）为进料口一侧安装弹性挡板。当有大型杂质卡在叶轮和挡板间时，由于挡板变形，它能

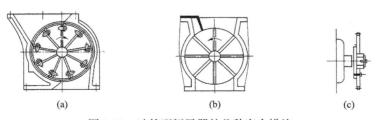

图 2-30 叶轮型闭风器的几种安全措施
（a）叶片端部安装刀具；（b）进料口一侧安装挡板；（c）传动轴链轮上安装安全销

保护机壳并使叶轮正常运转。图 2-30（c）为传动轴链轮上安装安全销，当叶片被杂质卡住导致无法转动时，安全销会首先断裂，使得叶轮停止旋转，从而保护设备的安全。

　　2. 叶轮型闭风器的性能

　　1）叶轮型闭风器的产量

　　叶轮型闭风器的产量由下式计算：

$$G = 0.06nvk\rho_s \text{（t/h）} \tag{2-18}$$

式中，n——叶轮转速（一般 $n \leqslant 60\text{r/min}$，$15\sim30\text{r/min}$ 范围较为常用），r/min；

　　　　v——叶轮的有效容积，m^3；

　　　　k——叶轮的装满系数，$k = 0.6\sim0.8$；

　　　　ρ_s——被输送物料的密度，kg/m^3。

　　由式（2-18）可知，叶轮型闭风器的产量与其转速成正比，但是在实际工程中并非叶轮转速越高闭风器的产量就越高。闭风器的产量与其叶轮圆周速度的关系见图 2-31

　　由图 2-31 可知，当叶轮的圆周速度较低时，即在叶轮的转速比较低时，随着叶轮圆周速度的增加，排料量大致与转速成正比，但当超过某一圆周速度时，产量开始下降。其原因是叶轮圆周速度超过某一值时，叶片对物料有阻挡作用，既影响了物料的进入也影响了物料的排出，从而使叶轮空格的物料装满程度下降同时叶轮排料能力也下降，因而产量也随之降低。

　　闭风器的容积效率，即实际供料的物料容积与闭风器有效容积的比值。闭风器容积效率与叶轮转速的关系如图 2-32 所示，图中曲线 A 的实验物料为粉状物料，如粉尘；曲线 B 的实验物料为颗粒状物料，如小麦等。

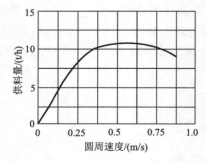

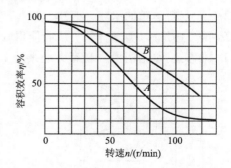

图 2-31　闭风器的产量与其叶轮外沿圆周
　　　　　速度的关系

图 2-32　叶轮转速与闭风器容积效率的关系

2）叶轮型闭风器的漏风率

当叶轮型闭风器的进料口和出料口存在着压差时，在进料口和出料口之间就会出现漏气现象，即不能保证喂料同时的高度气密性。

叶轮型闭风器的漏风率是指进料口和出料口之间的漏气量占进入除尘器风量的百分比。叶轮型闭风器的漏风率严重影响其排料性能。叶轮型闭风器的漏风量为叶轮旋转时每一格室容积引起的漏风量和叶轮与壳体间隙的漏风量之和。为减少漏风量，叶轮旋转时从进料口到排料口一侧至少应保持有两个叶片与壳体内壁接触，从而形成一个迷宫式密封腔。叶轮与壳体的间隙要尽量小，但间隙过小时，由于转子的加工精度、热膨胀因素以及输送物料中粉体的阻塞，叶轮旋转时会遇到大的阻力，甚至旋转困难，所以叶片与机壳间的间隙一般控制在 0.08～0.15mm 之间。此外，叶轮的轴向间隙也必须严格控制。

3）叶轮型闭风器的选择和使用

漏风率或气密性是叶轮型闭风器的重要性能指标，漏风率的大小与使用材料、制造精度、物料的磨损等因素有关。

粮食加工行业粉尘控制系统中，除尘器常用的叶轮型闭风器有 TGFY1.6、TGFY2.8、TGFY4、TGFY5、TGFY7、TGFY9 等型号。

部分叶轮型闭风器的型号规格见附录十。

一般通过先确定叶轮转速、装满系数，然后根据产量、物料的密度计算出所需的叶轮型闭风器的有效容积（v）来选择叶轮型闭风器。叶轮型闭风器与离心式除尘器的安装使用如图 2-33 所示。

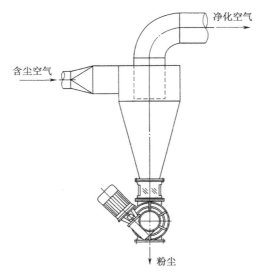

图 2-33　叶轮型闭风器与离心式除尘器的安装使用图

　　闭风器所需的电动机功率，在理论上只是消耗在物料与机壳、轴承以及密封结构的摩擦上，但在实际运行时所需要的功率远比理论计算需要的功率大。因为闭风器还要克服叶片卡料或摩擦增大时的额外阻力，为了保证闭风器的安全运行，一般除尘器所配的闭风器选用较大功率的电动机，而且当除尘器分离的粉尘产量比较高、大颗粒杂质比较多时，更应该选取较大功率的电动机。

第3章 通风除尘系统的设计计算与操作管理

3.1 粮食工业通风除尘系统

在粮食工业生产中，或在某一生产单元，扬尘点即尘源的数量往往不是一个而是有多个，因此，粉尘或污染空气的控制常常从整个生产工艺或粉尘控制系统上来进行考虑和设计。

在设计程序上，通风除尘系统一般安排在生产工艺确定之后，即当生产工艺、生产车间的建筑结构、设备布置确定之后，开始进行通风除尘系统的设计。

通风除尘系统由吸尘罩、通风管道、风机和除尘器四部分连接组成，也称为除尘风网系统。考虑到尘源特性、工艺要求和经济方面，除尘风网一般可组合成独立风网和集中风网两种类型。

1. 独立风网

除尘风网系统中只有一个粉尘控制点，这种型式的风网称为独立风网，图 3-1 为独立风网示意图。

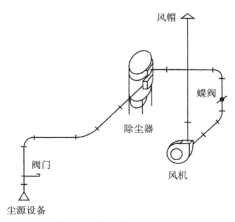

图 3-1 独立风网示意图。

凡符合以下条件之一的，常组合成独立风网。
独立风网的组合原则：

①尘源设备所需的吸风量大而且准确；

②尘源设备所需的吸风量需要经常进行调节；

③尘源设备自带风机；

④尘源的吸出物需要单独处理；

⑤尘源设备与其他尘源相距较远。

独立风网功能齐全，性能完善，但从经济方面考虑，制造、运行费用高，因而组合成独立风网的通风除尘系统较少，除非生产工艺有特殊需要。实际生产中尘源的控制多组合成集中风网类型。

2. 集中风网

除尘风网中有多个尘源控制点，这就组合成了集中风网。图 3-2 为集中风网示意图。

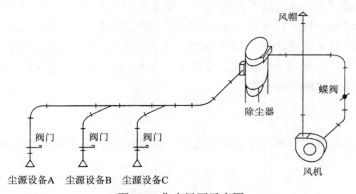

图 3-2　集中风网示意图

集中风网组合原则：

①尘源设备的吸出物品质相似；

②尘源设备的工作间歇相同；

③尘源设备相距较为集中；

④易于管网布置，水平管道最短；

⑤集中风网组合的规模以能选到合适的除尘器、风机为准。

集中风网中，控制的尘源点较多，而与独立风网相比，除尘器、风机的数量并没有增加，因而比较经济。但如果尘源控制点太多，会给使用和现场操作带来许多不便。

3.2　通风除尘系统设计

3.2.1　通风除尘系统设计的依据

在进行通风除尘系统设计时，应遵循以下相关环境标准。

1. 《环境空气质量标准》

《环境空气质量标准》（GB 3095—2012）是对大气环境中几种主要污染物的允许浓度的法定限制，是控制大气污染、评价环境质量、制定地区大气污染排放的依据。

《环境空气质量标准》中规定的 10 种大气污染物分别为：SO_2、$PM_{2.5}$、PM_{10}、NO_2、CO、O_3、Pb、B[a]P、H_2S、NH_3 等。

2. 《工业企业设计卫生标准》和《工作场所有害因素职业接触限值 第 2 部分：物理因素》

《工业企业设计卫生标准》（GBZ 1—2010）规定了工业企业的选址与整体布局、防尘与防毒、防暑与防寒、防噪声与振动、防非电离辐射及电离辐射、辅助用室等方面的内容，以保证工业企业的设计符合卫生要求。

《工作场所有害因素职业接触限值 第 2 部分：物理因素》（GBZ 2.2—2007）是作为工业企业设计、预防性和经常性监督、监测使用的卫生标准。

3. 粉尘排放标准

排放标准是以实现大气质量标准为目标，对污染源规定所允许的排放量或排放浓度，以便直接控制污染源、防止污染。我国已制定、修订了多种污染物的排放标准，如《大气污染物综合排放标准》（GB 16297—1996）、《恶臭污染物排放标准》（GB 14554—1993）、《锅炉大气污染物排放标准》（GB 13271—2014）、《饮食业油烟排放标准》（GB 18483—2001）等。

3.2.2　通风除尘系统的设计步骤

通风除尘系统的设计，一般按照以下步骤进行。

（1）通风除尘系统设计资料的收集

①收集生产环境的气象资料，如大气压、空气的温度、密度等。

②收集生产工艺资料，了解原料特性、工艺要求、生产特点等。

③分析生产设备的工作特点，是否有污染物排放。

④了解厂房建筑结构、要求等。

（2）确定污染源的数量、分布以及污染物产生的原因、污染物特性等。

（3）确定每一污染源的吸风量、阻力。

（4）设计除尘风网，确定除尘风网系统的类型和风网的组数。

（5）确定每一组除尘风网中除尘器的类型、级数。

（6）在工艺流程图上绘制除尘风网系统图。

（7）根据平面图、立面图或剖面图等确定每一组风网中通风管道的走向、风机和除尘器的位置等。

（8）在平面布置图、立面图、剖面图上绘制除尘风网布置草图。

（9）绘制除尘风网轴测图，标注主要参数。

（10）进行除尘系统的阻力计算。

（11）在平面布置图、立面图、剖面图上绘制除尘风网正式图，并画施工图。

在除尘风网设计中，对于含尘空气的粉尘分离和净化，要选择和确定除尘器的类型和级数。在除尘风网中采用一台除尘器对含尘空气进行净化，即为一级除尘；如果采用两台不同类型的除尘器串联起来依次对含尘空气进行净化，这就是二级除尘；同样，多台除尘器串联使用，即多级除尘。除尘风网中除尘器级数的确定完全取决于含尘空气中粉尘的粒径分布、含量多少和除尘器的性能特点。

对于前述的几种类型除尘器，从达到环保排放要求这方面上讲，布袋除尘器性能最好，除尘效率可达99%以上，能直接达到环境保护要求的排放浓度。但布袋除尘器的工作原理和清灰方式决定了其进口含尘浓度不能太高，这限制了布袋除尘器的单独使用。在使用布袋除尘器时，为了减轻滤布的粉尘过滤负荷和清灰负荷，在布袋除尘器前往往串联一台初净化设备，如惯性除尘器、离心式除尘器或其他类型的除尘器，也即采用二级除尘方式。当然，当含尘气流中粉尘粒径小、含尘浓度不是很高时，可以单独使用布袋除尘器。当含尘气流中粉尘粒径较大时，也可仅使用一台四联刹克龙除尘器。

风机在除尘风网中的位置，主要是指将风机安装在除尘器前还是安装在除尘器之后，应该认真分析。从理论上讲，风机应安装在除尘器之后。风机安装在除尘器之后，通过风机的空气为净化空气，可以减轻空气中粉尘等颗粒物对风机叶轮、机壳等部位的磨损，有利于延长风机的使用寿命、降低噪声等。但在实际生产中，风机安装在除尘器前也相当普遍。

在确定管道走向时，一般遵循合理、经济、美观的原则。内容包括选择合适的管道气流速度和管径，选择合适的局部构件。管道的走向以管道长度最短为最经济。但在粮食加工行业，通风管道的走向布置一般主张横平竖直，即水平管道的走向平行于车间的纵向或横向轴线方向，管道自下而上或由上往下走向均需垂直布置和安装。管道在车间的布置力求整齐、美观。

在风网的设计过程中，弯头、三通、阀门、各种变形管等局部构件是少不了的，但选用的原则是相同的，在满足粉尘控制工艺要求的前提下流动阻力最小，其次外形美观。

对于弯头的设计，关键是曲率半径参数的选取。在粉尘控制风网中，弯头的曲率半径一般选取的规格为 $R = D$ 或 $R = 1.5D$，管道直径较大时取 $R = D$。如果弯头是分节制作，一般选用三节两端节的弯头即可。

对于三通，一般选取夹角为 30°或 45°的三通，在空间允许的情况下，应优先选取 30°夹角三通。

阀门是粉尘控制风网中应用数量最多的局部构件。在每一个吸尘罩的连接管道上，在风机的进风口连接管道或出风口连接管道上，均安装阀门。作用在于实际风网运行时便于调节吸尘罩内的风量大小；而风机进出口管道上的阀门，除了用于调节风网的总风量大小外，还在于风机启动时的需要。风机启动时，一般要求关闭风机连接管道上的阀门，使风机在零风量下启动，即轻载启动，这样对电动机、风机都比较安全。一般，在吸尘罩连接管道上使用插板阀；在风机的连接管道上使用蝶阀。

由于尘源设备吸风口、除尘器进出风口、风机进出口的形状、尺寸各异，与通风管道连接时往往需要变形管予以连接。变形管的设计，一般要求边界变化要缓，收缩角不宜太大。也可根据变形管的阻力系数表，选择低阻力系数时的变形管形状、尺寸来设计变形管。

通过设计过程，最终要画出通风除尘系统的轴测图。通风除尘风网的轴测图如图 3-3 所示。

绘制通风除尘系统的轴测图，即将实际的通风管道、风机、除尘器等风网设备、构件按照三维坐标走向的方向画出并连接成一完整的系统，而且三维坐标每个方向上选取的比例尺相同。对于通风管道一般采用单线条画出。图 3-4、图 3-5、图 3-6 所示分别为通风除尘风网中主要设备如离心式除尘器、布袋除尘器和通风机等的轴测图绘法示例。图 3-7 为一种四联刹克龙的轴测图示例。

轴测图绘制完成后，要将通过工艺资料确定的参数如管道长度、弯头参数、三通夹角、尘源设备的吸风量和阻力等标注到图上。

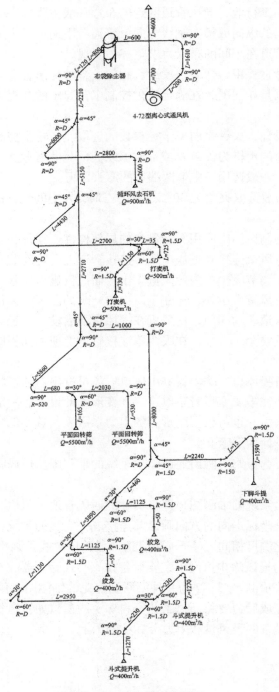

图 3-3 除尘风网轴测图

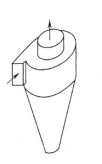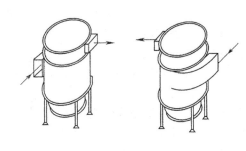

图 3-4　离心式除尘器轴测图　　　　　　图 3-5　布袋除尘器轴测图

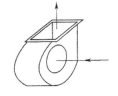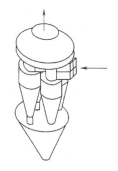

图 3-6　离心式通风机轴测图　　　　　　图 3-7　四联刹克龙轴测图

3.3　通风除尘系统的阻力计算与阻力平衡

3.3.1　通风除尘系统阻力计算的目的

简单地讲通过阻力计算，可以确定以下内容：

①确定每段通风管道合适的气流速度和管道直径；

②选出合适的除尘器；

③选出通风除尘系统需要的风机和电动机；

④使集中风网中每条支路的阻力都与主路阻力平衡。

管道中的气流速度是通风除尘系统安全运行重要的参数之一。通过选取合适的气流速度，可以将从排风罩捕集的粉尘安全地输送到除尘器进行净化。安全地输送粉尘，指的是在管道的输送过程中不发生粉尘沉降现象。

管道中气流速度选取的依据是粉尘等物料的悬浮速度特性。从理论上讲，只要气流速度大于粉尘颗粒的悬浮速度，即可实现气流输送物料，但是由于实际通风管道内的各种因素的影响和生产工艺的波动等因素，使得实际选取的气流速度比物料的悬浮速度大得多。

污染源的吸风量确定之后，如果选取的气流速度比较高，选用的管道直径就会小，这样可以节省管材减少投资，但气流速度高，流动阻力就会高，意味着能耗高。所以气流速度的选取不是越高越好，而是既安全又经济。例如，粮食加工企业，通风除尘系统中管道气流速度一般应在 $10\sim16m/s$ 之间选取。但是如果粉尘控制系统中某根风管通气流的作用是除湿降温，则气流速度可以选取的低一些。一般当管道中粉尘浓度比较高时，气流速度可以选较高值；当管道中含尘浓度比较低或是净化之后的空气时，可以选取较小的气流速度。但气流速度过低，管道直径就会很大，会造成管道造价高和占用大量车间面积和空间。

在除尘系统中，从管道输送的安全性能方面考虑，如果污染空气中粉尘的粒径比较微细，管道的直径一般不小于 80mm；如果污染空气中的粉尘多为粗粒径粉尘，如木屑，管道的直径一般不小于 100mm；如果污染空气中粉尘的粒径比较粗，如含有块状物料，管道的直径一般不小于 130mm。

通风除尘管道的形状主要有圆形和矩形两种。断面面积相同时，圆形风管阻力小，而且圆形管道强度大、材料省、不容易变形、隔音好，在除尘系统中最为常用。有时为了充分利用建筑空间，降低建筑高度，使通风管道与建筑空间协调、美观，也采用矩形管道。矩形管道的宽高比一般依据阻力最小、比例协调而定。

在工程上，通风管道的尺寸一般按照《全国通用通风管道计算表》选取定型、统一规格的基本管径，或者选取整数。例如，管道尺寸以 0 或 5 结尾，如某圆形通风管道的直径为 $\varphi150$，比 $\varphi150$ 小的直径为 $\varphi145$，比 $\varphi150$ 大的直径为 $\varphi155$，即 $\varphi145$、$\varphi150$、$\varphi155$、$\varphi160$、……。

当通风管道采用矩形截面时，一般先按照圆形管道进行阻力计算，再将圆形通风管道的直径当成矩形截面管道的当量直径，即可换算出矩形截面管道的宽和高。

通风管道的材料最常用的是薄钢板，如普通薄钢板和镀锌薄钢板，钢板厚度一般为 $0.5\sim3.0mm$；也可以采用塑料板、胶合板、铝板和不锈钢板等。有些场合还可采用砖石、混凝土等建筑材料制作通风管道。

通过阻力计算选出合适的除尘器，即污染空气经过所选用的除尘器处理或净化后的排放空气，应该能达到《大气污染物综合排放标准》（GB16297—1996）的要求。与此同时，设置了除尘系统的车间，车间内空气卫生状况必须达到《工作场所有害因素职业接触限值 第 1 部分：化学有害因素》（GBZ 2.1—2019）的要求，如粮食加工车间内粉尘浓度不超过 $10mg/m^3$。

通过除尘系统的阻力计算，可以计算出除尘系统的总阻力和总风量，由此可以选出该系统所需要的风机和电动机。

对于集中风网，有较多的支路，支路阻力必须与主路阻力平衡，只有这样支路的参数才能达到设计要求，这是除尘系统阻力计算工作中重要的内容之一。

3.3.2　通风除尘系统的阻力平衡

在集中风网中，粉尘控制点比较多，因而通风管路也多。在进行风网的阻力计算时，往往选取其中的一条管路作为主路，而将其他与之并联的管路看作支路。

下面以图 3-8 为例，说明除尘风网阻力平衡的方法。

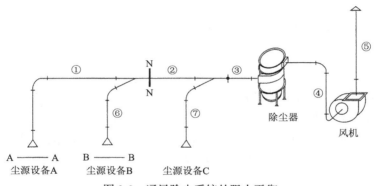

图 3-8　通风除尘系统的阻力平衡

1. 选取主路，并编管段号

选取主路时，一般遵循以下原则：

①路径最长，阻力最大；

②风量最大。

因此，如图 3-8 所示，确定主路和支路。

主路：

尘源设备 A—管段①—管段②—管段③—除尘器—管段④—风机—管段⑤

支路：

支路 1：尘源设备 B—管段⑥

支路 2：尘源设备 C—管段⑦

为了清楚地表示风网中每一段管道，常将管道进行编号，如图 3-8 所示。在编管段号时，管段的分界点为风网中的设备或以合流三通的总流断面为界。例如，在图 3-8 中，管段①和管段⑥经过三通而汇合，则三通的总流断面 N—N 就是分界面，其余三通的分界面类同。

　　2. 支路阻力与主路阻力的平衡

　　在图 3-8 所示的风网中，风网运行时，空气同时从设备 A、设备 B、设备 C 进入风网，分别经过两个三通汇合后进入管段③中，并经管段③将含尘气流送到除尘器中进行净化，粉尘被分离后由除尘器底部的闭风器排出，而净化之后的气流则通过管段④、管段⑤排放到大气中。支路进行阻力平衡，就是要求支路 1 的总阻力与主路设备 A—管段①的总阻力相等；支路 2 的总阻力与主路设备 A—管段①—管段②的总阻力相等。

　　粉尘控制工程中，支路阻力与主路阻力按式（3-1）计算后，计算结果不大于 10%，即阻力平衡。

$$\frac{\left|\text{支路阻力} - \text{与支路并联的主路阻力}\right|}{\text{与支路并联的主路阻力}} \times 100\% \leqslant 10\% \qquad （3-1）$$

　　若计算结果大于 10%，即阻力不平衡。

　　对于集中风网，为什么要进行阻力平衡？以支路 1 为例，这是因为无论空气是从设备 A 进入还是从设备 B 进入，到达 N—N 断面时的能量损失理论上是相同的，可由能量方程予以说明。

　　对于主路，列 A—A 断面和 N—N 断面的能量方程：

$$H_{oA} = H_{oN} + H_{A-N} \qquad （3-2）$$

式中，H_{A-N}——空气由设备 A 进入、经管段①到 N—N 断面的能量损失；

　　　　H_{oA}——A—A 断面的全压（A—A 断面位于尘源设备 A 附近的大气中，该断面上空气流动速度接近于零，全压 $H_{oA} = 0$）；

　　　　H_{oN}——N—N 断面的全压。

　　同样，对于支路 1，列出 B—B 断面和 N—N 断面的能量方程：

$$H_{oB} = H_{oN} + H_{B-N} \qquad （3-3）$$

式中，H_{B-N}——空气由设备 B 进入，经管段⑥到 N—N 断面的能量损失；

　　　　H_{oB}——B—B 断面的全压（B—B 断面位于尘源设备 B 附近的大气中，该断面上空气流动速度接近于零，全压 $H_{oB} = 0$）。

　　显然

$$H_{A-N} = H_{B-N} \qquad （3-4）$$

　　式（3-4）表明，支路 1 的总阻力 H_{B-N} 和与支路 1 并联的主路部分总阻力 H_{A-N}

相等。

这是空气流动规律的要求，是自然规律。由于工程上的实际技术条件，不平衡率小于 10% 即认为支路阻力已平衡。如果不平衡率超过了 10%，则认为阻力不平衡，需要重新进行阻力计算。一般只对支路进行阻力调整，最终使支路阻力达到阻力平衡。

如果支路的阻力与主路阻力不平衡，空气的流动会发生什么变化呢？实际工程中，如果支路的阻力与主路阻力不平衡，那么在风机运行之后，风网将自动进行阻力平衡：阻力大的管路风量下降，阻力小的管路风量上升，这样的结果就使实际尘源的吸风量偏离了设计的要求或尘源自身的需求，也使粉尘的控制失效。

进行阻力平衡的方法：

①对支路重新进行阻力计算：调整支路的气流速度，重新计算支路阻力，使支路阻力与主路阻力平衡。

②在支路上安装阀门的阻力平衡法：当支路阻力小于主路阻力时，可在支路上安装阀门，使阀门消耗一定数量的阻力来使支路阻力与主路阻力平衡。

阀门的阻力为主路阻力与支路阻力的差值的绝对值，由此可计算出阻力平衡时阀门的开启程度。

③通过调节支路管径进行阻力平衡（即 0.225 次方法）：

$$D_{后} = D_{前} \left(\frac{H_{前}}{H_{后}} \right)^{0.225} \qquad\qquad （3-5）$$

式中，$D_{前}$——阻力不平衡时支路管道的直径；

　　　$D_{后}$——调到阻力平衡时支路管道的直径；

　　　$H_{前}$——阻力不平衡时的支路阻力；

　　　$H_{后}$——阻力平衡时支路的阻力。

3.3.3　通风除尘系统的阻力计算

以图 3-8 为例进行阻力计算。

1. 主路的阻力计算

（1）确定尘源设备 A 的阻力 H_A。

（2）管段①的阻力计算。

管段①的风量：$Q_1 =$ 设备 A 的风量，选取管段①的风速 u_1。

根据 Q_1 和 u_1，查表 3-1，得出 λ/d 值、D、H_d 等，根据沿程摩阻公式计算管段①中直管道的沿程摩阻 H_m。

表 3-1　通风除尘风网的阻力计算表

机器名称或管段号	Q/(m³/h)	v/(m/s)	H_d (9.8Pa)	D/mm	L/m	R (9.8Pa/m)	H_M (9.8Pa)	Σζ	H_j (9.8Pa)	H_M+H_j (9.8Pa)	ΣH (9.8Pa) 主路	ΣH (9.8Pa) 支路	备注
比重去石机	3200									50.0	50.0		
①	3200	14	12	285	5	0.65	3	0.27	3	6	56		与⑦平衡
高速振动筛	1000									25		25	
⑦	1000	14	12	160	3	1.3	4	0.15	1.8	5.8		30.8	
②	4200	14.1	12	325	6	0.55	3.3	0.24	2.9	6.2	62.2		与⑧平衡
斗式提升机	480									3	65.2		
⑧	480	14	12	110	10	2.1	21	0.34	4.1	25		55.8	
③	4680	14.3	12.5	340	3	0.5	1.5	0.06	0.75	2.25	67.5		与⑨平衡
卧式打麦机	600									30		30	
⑨	600	16	15.6	115	10	2.7	27	0.34	5.3	32.3		32.3	
④	5280	14	12	365	4	0.48	2.0	0.18	2.2	4.2	71.7		
⑤	5280	14	12	365	5	0.48	2.4	0.18	2.2	4.6	76.3		
高压脉冲	5280									100	176.3		
⑥	5280	14	12	365	4	0.48	2.0	2.3	27.6	29.6	206		
比重去石机	3200									50.0	50.0		
①	3200	14	12	285	5	0.65	3	0.27	3	6	56		与⑦平衡
高速振动筛	1000									25		25	

续表

机器名称或管段号	$Q/$ (m³/h)	$v/$ (m/s)	H_d (9.8Pa)	$D/$mm	$L/$m	R (9.8Pa/m)	H_M (9.8Pa)	$\Sigma\zeta$	H_j (9.8Pa)	H_M+H_j (9.8Pa)	ΣH (9.8Pa) 主路	ΣH (9.8Pa) 支路	备注
⑦	1000	14	12	160	3	1.3	4	0.15	1.8	5.8		30.8	
②	4200	14.1	12	325	6	0.55	3.3	0.24	2.9	6.2	62.2		与⑧平衡
斗式提升机	480									3	65.2		
⑧	480	14	12	110	10	2.1	21	0.34	4.1	25		55.8	
③	4680	14.3	12.5	340	3	0.5	1.5	0.06	0.75	2.25	67.5		与⑨平衡
卧式打麦机	600									30		30	
⑨	600	16	15.6	115	10	2.7	27	0.34	5.3	32.3		32.3	
④	5280	14	12	365	4	0.48	2.0	0.18	2.2	4.2	71.7		
⑤	5280	14	12	365	5	0.48	2.4	0.18	2.2	4.6	76.3		
高压脉冲	5280									100	176.3		
⑥	5280	14	12	365	4	0.48	2.0	2.3	27.6	29.6	206		

　　根据弯头的曲率半径和转角，查附录二中的弯头阻力系数表，得出弯头阻力系数 ζ，根据局部阻力公式计算管段①中弯头的阻力 $H_弯$。

　　根据管段⑥的风量 Q_6，选取管段⑥的风速 u_6，查附录二得出管段⑥的参数：λ/d 值、D、H_d，由此分别计算出 $D_主/D_支$ 和 $v_支/v_主$，再根据三通夹角 a，查附录四中的三通阻力系数表得出三通的阻力系数 $\zeta_主$ 和 $\zeta_支$。

　　由三通的主路阻力系数 $\zeta_主$，根据局部阻力公式计算出三通的主路阻力 $H_{三通主}$。

　　所以，管段①的总阻力：$H_① = H_m + H_弯 + H_{三通主}$

　　（3）管段②的阻力计算。

　　管段②的风量确定：管段②在管段①和管段⑥的三通之后，所以 $Q_2 = Q_1 + Q_6$

　　选取管段②的风速 u_2：管段②气流速度 u_2 的选择有三种可能：

$$u_2 > u_1$$

$$u_2 < u_1$$

$$u_2 = u_1$$

　　为了保证粉尘能被气流安全输送到除尘器，在除尘器以前的管路上，一般选取气流速度逐渐增大，即选取 $u_2 > u_1$。

　　按同样的方法计算管段②的沿程摩阻和局部阻力，得出管段②的总阻力：$H_② = H_m + H_j$

　　（4）管段③的阻力计算方法同管段②。

　　（5）脉冲除尘器的阻力。

　　除尘器的处理风量：$Q_除 = Q_3 = Q_1 + Q_6 + Q_7$

　　根据除尘器的处理风量 $Q_除$ 的大小，查附录九脉冲除尘器性能表格选取型号、规格、主要技术参数，并得到脉冲除尘器阻力 $H_除$。

　　（6）管段④的阻力计算　阻力计算方法同管段①。

　　因为管段④位于除尘器之后，含尘空气已经经过除尘器净化，所以管道④内的气流速度应该比管道③的气流速度有所减小。

　　（7）管段⑤的阻力计算　阻力计算方法同管段④。管段⑤的风量等于管段④的风量，为了便于管道的制作、安装，风机前后连接管道的直径一般相同。

　　（8）主路的总阻力计算。到此，可以计算出主路的总阻力：

$$H_主 = H_A + H_① + H_② + H_③ + H_除 + H_④ + H_⑤$$

式中，$H_主$——主路的总阻力；

　　　　H_A——设备 A 的阻力；

　　　　$H_①$——管路①的阻力；

$H_②$——管路②的阻力；

$H_③$——管路③的阻力；

$H_除$——布袋除尘器的阻力；

$H_④$——管路④的阻力；

$H_⑤$——管路⑤的阻力。

2. 支路的阻力计算及阻力平衡

（1）支路 1 的阻力计算。

①设备 B 的阻力 H_B。

②管段⑥的阻力计算：阻力计算方法同管段①。

所以，支路 1 的总阻力为 $H_{支1} = H_B + H_⑥$。

③支路 1 与主路的阻力平衡与调整：首先进行阻力平衡的判断，具体方法见上述相关内容。

（2）支路 2 的阻力计算。

①设备 C 的阻力 H_C。

②管段⑦的阻力计算：阻力计算方法同管段①。

所以，支路 2 的总阻力为 $H_{支2} = H_C + H_⑦$。

③支路 2 与主路的阻力平衡与调整：见上述方法。

3. 计算风网的总阻力和总风量

风网的总阻力：$\sum H = H_主$

风网的总风量：$\sum Q = Q_A + Q_B + Q_C$

计算风网总阻力$\sum H$ 时，支路阻力只进行阻力平衡而不累加进去，只将支路的风量累加到$\sum Q$ 中。

4. 选择风机和电动机

计算风机参数：

风机全压：$H_{风机} = （1.0 \sim 1.2）\sum H$

风机风量：$Q_{风机} = （1.0 \sim 1.2）\sum Q$

由风机的全压和风量选择风机类型、型号、规格及电动机的型号、规格等参数。

3.4　通风除尘系统的阻力计算举例

图 3-9 为某面粉厂的小麦清理风网计算图，其风网的设计计算过程如下：

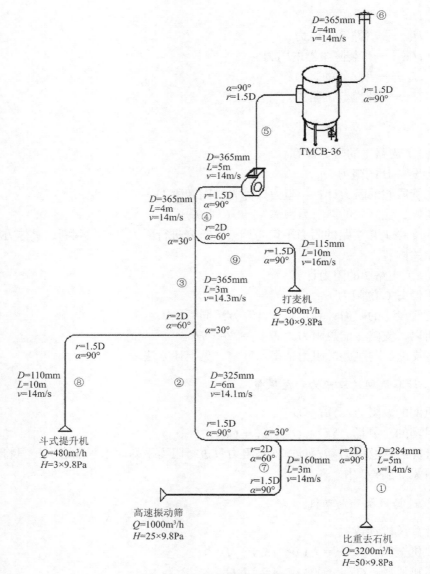

图 3-9　小麦清理风网计算图

（1）查表确定各吸尘点的吸风量和机器设备的阻力。

（2）选择主路并对管道进行编号。确定主路为①～⑥，支路为⑦、⑧、⑨。

（3）绘制风网阻力计算表和管件阻力系数计算表。见表 3-1、表 3-2。

（4）管网计算。

表 3-2　通风除尘风网管件的阻力系数计算表

管段号	名称	规格	ζ	数量	$\Sigma\zeta$
①	弯头	$\alpha=90°$，$r=2D$	0.12	1	0.27
	三通直	$\dfrac{D_直}{D_侧}=1.8$，$\dfrac{v_侧}{v_直}=1.0$，$\alpha=30°$	0.15	1	
⑦	弯头	$\alpha=90°$，$r=1.5D$	0.18	1	0.15
	弯头	$\alpha=60°$，$r=2.0D$	0.12	1	
	三通侧	同①	−0.15	1	
②	弯头	$\alpha=90°$，$r=1.5D$	0.18	1	0.24
	三通直	$\dfrac{D_直}{D_侧}=2.9$，$\dfrac{v_侧}{v_直}=1.0$，$\alpha=30°$	0.06	1	
⑧	弯头	$\alpha=90°$，$r=1.5D$	0.18	1	0.34
	弯头	$\alpha=60°$，$r=2.0D$	0.12	1	
	三通侧	同②	0.04	1	
③	三通直	$\dfrac{D_直}{D_侧}=2.8$，$\dfrac{v_侧}{v_直}=1.0$，$\alpha=30°$	0.06	1	0.06
⑨	弯头	$\alpha=90°$，$r=1.5D$	0.18	1	0.33
	弯头	$\alpha=60°$，$r=2.0D$	0.12	1	
	三通侧	同③	0.03	1	
④	弯头	$\alpha=90°$，$r=1.5D$	0.18	1	0.18
⑤	弯头	$\alpha=90°$，$r=1.5D$	0.18	1	0.18
⑥	弯头	$\alpha=90°$，$r=1.5D$	0.18	1	2.3
	风帽		2.12	1	

第①管试取 $v=14\text{m/s}$，根据 $D=0.0188\sqrt{\dfrac{Q}{v}}$，则

$$D=0.0188\sqrt{\frac{3200}{14}}\ 0.284（\text{m}）=284（\text{mm}）$$

根据 $H_\text{d}=\dfrac{1}{2}\rho v^2$，若 ρ 取 1.2kg/m^3，则

$$H_\text{d}=\frac{0.6v^2}{9.8}=0.061v^2=0.061\times14^2\ =12\times9.8（\text{Pa}）$$

取 $D = 285$ mm，$v = 14$ m/s，查附录二可知 $R = 0.65 \times 9.8$ Pa/m，则

$$H_M = R \cdot L = 0.65 \times 5 \times 9.8 = 3 \times 9.8（Pa）$$

因为①与⑦并联，①的 $\sum \zeta$ 含 $\zeta_{三通直}$，所以暂时无法计算，先计算⑦管。首先试取 $v = 14$ m/s，则：

$$D = 0.0188 \sqrt{\frac{1000}{14}} = 0.159（m）= 159（mm）$$

因此，取 $D = 160$ mm，查附录二可知 $R = 1.3 \times 9.8$ Pa/m，于是

$$H_M = R \cdot L = 1.3 \times 3 \times 9.8 = 4 \times 9.8（Pa）$$

$$H_d = 0.061 \times 14^2 \times 9.8 = 12 \times 9.8（Pa）$$

在初步计算了⑦管后，再回来计算①管。首先计算三通阻力：

$$\frac{D_直}{D_侧} = \frac{284}{160} = 1.8 ， \quad \frac{v_侧}{v_直} = \frac{14}{14} = 1.0 ， \quad \alpha = 30°$$

由图 3-9 知①管有一个弯头，$\alpha = 90°$，$r = 2D$，$C = 0.12$，采用插入法，查附录三，得

$$\zeta_直 = 0.25 + \frac{0.1 - 0.25}{2 - 1.4} \times (1.8 - 1.4) = 0.15$$

$$\zeta_侧 = -0.05 + \frac{-0.05 - 0.1}{2 - 1.4} \times (1.8 - 1.4) = -0.15$$

①管：$\Sigma \zeta = 0.12 + 0.15 = 0.27$，$H_J = \Sigma \zeta \cdot H_d = 0.27 \times 12 \times 9.8 = 3 \times 9.8（Pa）$，则

$$H_M + H_J = (3 + 3) \times 9.8 = 6 \times 9.8（Pa）$$

⑦段有一个弯头，$\alpha = 90°$，$r = 1.5D$，$\zeta = 0.18$；$\alpha = 60°$，$r = 2D$，$\zeta = 0.12$，则

$$\Sigma \zeta = 0.18 + 0.12 + (-0.15) = 0.15$$

$$H_{J7} = \Sigma \zeta \cdot H_d = 0.15 \times 12 \times 9.8 = 1.8（Pa）$$

①与⑦属于并联，需进行压力平衡计算，先校核不平衡率：

$$\frac{56 - 30.8}{56} \times 100\% = 45\% ＞ 10\%$$

在⑦管上加插阀进行平衡，而：

$$\Delta H = (56 - 31) \times 9.8 = 25 \times 9.8 \text{（Pa）}$$

由于 $\Delta H = \zeta H_\text{d}$，所以 $\zeta = \dfrac{\Delta H}{H_\text{d}} = \dfrac{25}{12} = 2.1$。查附录三，用插入法求值，则

$$\zeta = \frac{h}{D} = 0.5 + \frac{0.6 - 0.5}{4.6 - 2.06} \times (2.1 - 2.06) = 0.5$$

所以插阀插入深度 $h = 0.5D = 0.5 \times 160 = 80$（mm）。

第②段，$Q = 3200 + 1000 = 4200$（m³/h），试取 $v = 14$m/s，则

$$D = 0.0188\sqrt{\frac{4200}{14}} = 0.325 \text{（m）} = 325 \text{（mm）}$$

$$v = \frac{4200}{2826 \times 0.325^2} = \frac{4200}{298.5} = 14.1 \text{（m/s）}$$

根据 $D = 325$mm，$v = 14.1$m/s，查附录二知 $R = 0.55 \times 9.8$Pa/m，所以：

$$H_\text{M} = R \cdot L = 0.55 \times 6 \times 9.8 = 3.3 \times 9.8 \text{（Pa）}$$

$$H_\text{d} = 0.061 \times v^2 = 0.061 \times 14.1^2 \times 9.8 = 12 \times 9.8 \text{（Pa）：}$$

同样，②与⑧并联。先计算⑧，再回头计算②段。⑧段的 $Q = 480$ m³/h，取 $v = 14$m/s，则

$$D = 0.0188\sqrt{\frac{480}{14}} = 0.110 \text{（m）} = 110 \text{（mm）}$$

根据 $D = 110$ mm，$v = 14$ m/s，查附录二知 $R = 2.1 \times 9.8$Pa/m，所以：

$$H_\text{M} = R \cdot L = 2.1 \times 10 \times 9.8 = 21 \times 9.8 \text{（Pa）}$$

$$H_\text{d} = 0.061 \times v^2 = 0.061 \times 14^2 \times 9.8 = 12 \times 9.8 \text{（Pa）}$$

计算三通阻力：$\dfrac{D_\text{直}}{D_\text{侧}} = \dfrac{284}{160} = 1.8$，$\dfrac{v_\text{侧}}{v_\text{直}} = \dfrac{14}{14} = 1.0$，$\alpha = 30°$，采用插入法，计算方法与①和⑦完全相同（包括校核不平衡率），即

$$\zeta_\text{直} = 0.06, \quad \zeta_\text{侧} = 0.04$$

②段有一个弯头，$\alpha = 90°$，$r = 1.5D$，$\zeta = 0.18$，则

$$\Sigma\zeta = 0.18 + 0.06 = 0.24$$

$$H_J = \zeta \cdot H_d = 0.24 \times 12 \times 9.8 = 2.9 \times 9.8 \text{（Pa）}$$

$$H_M + H_J = (3.3 + 2.9) \times 9.8 = 6.2 \times 9.8 \text{（Pa）}$$

⑧段有一个弯头，$\alpha = 90°$，$r = 1.5D$，查附录三知 $\zeta = 0.18$；三通处有一个弯头，$\alpha = 60°$，$r = 2D$，查表知 $\zeta = 0.12$，则

$$\Sigma\zeta = 0.04 + 0.18 + 0.12 = 0.34$$

$$H_J = \Sigma\zeta \cdot H_d = 0.34 \times 12 \times 9.8 = 4.1 \times 9.8 \text{（Pa）}$$

③段的 $Q = 4200 + 480 = 4680$（m³/h）。试取 $v = 14$ m/s，则

$$D = 0.0188\sqrt{\frac{4680}{14}} = 0.343 \text{（m）} = 343 \text{（mm）}$$

取 $D = 340$mm，则 $v = \dfrac{4680}{2826 \times 0.34^2} = 14.3$（m/s）。由 D 和 v 的数据查附录二得 $R = 0.5 \times 9.8$Pa/m，于是

$$H_M = R \cdot L = 0.5 \times 3 \times 9.8 = 1.5 \times 9.8 \text{（Pa）}$$

$$H_d = 0.061 \times v^2 = 0.061 \times 14.3^2 \times 9.8 = 12.5 \times 9.8 \text{（Pa）}$$

③与⑨并联，先计算⑨段，再计算③段。⑨段的 $Q = 600$m³/h，设 $v = 14$m/s，则

$$D = 0.0188\sqrt{\frac{600}{14}} = 0.123 = 123 \text{（mm）}$$

这里取 $D = 120$ mm。$v = 14$ m/s，查附录二知 $R = 1.9 \times 9.8$Pa/m，于是

$$H_M = R \cdot L = 1.9 \times 10 \times 9.8 = 19 \times 9.8 \text{（Pa）}$$

$$H_d = 0.061 \times v^2 = 0.061 \times 14^2 \times 9.8 = 12 \times 9.8 \text{（Pa）}$$

计算三通阻力：$\dfrac{D_直}{D_侧} = \dfrac{340}{120} = 2.8$，$\dfrac{v_侧}{v_直} = \dfrac{14}{14.3} = 1.0$，采用插入法计算：

$$\zeta_直 = 0.1 + \frac{0.05 - 0.1}{3 - 2} \times (2.8 - 2) = 0.06$$

$$\zeta_{侧} = -0.05 + \frac{0.05 - (-0.05)}{3 - 2} \times (2.8 - 2) = 0.03$$

③段：$\zeta = 0.06$，$H_J = \zeta \cdot H_d = 0.06 \times 12.5 \times 9.8 = 0.75 \times 9.8$（Pa），则

$$H_M + H_J = (1.5 + 0.75) \times 9.8 = 2.25 \times 9.8 （Pa） = 2.3 \times 9.8 （Pa）$$

⑨段：有一个弯头，$\alpha = 90°$，$r = 1.5D$，查附录三知 $\zeta = 0.18$；三通处有一个弯头，$\alpha = 60°$，$r = 2D$，查附录三知 $\zeta = 0.12$。于是

$$\Sigma\zeta = 0.18 + 0.12 + 0.03 = 0.33$$

$$H_J = \Sigma\zeta \cdot H_d = 0.33 \times 12 \times 9.8 = 4.0 \times 9.8 （Pa）$$

$$H_M + H_J = (19 + 4) \times 9.8 = 23 \times 9.8 （Pa）$$

主回路阻力之和 $= (65.2 + 2.25) \times 9.8 = 67.5 \times 9.8$（Pa）
支路阻力之和 $= (30 + 23) \times 9.8 = 53 \times 9.8$（Pa）
对③和⑨节点校核，其不平衡率为

$$\frac{67.5 - 53}{67.5} \times 100\% = 21\% > 10\%$$

缩小第⑨段，调整后。第⑨段 H_1 应为 $H_1 = (67.5 - 30) \times 9.8 = 37.5 \times 9.8$（Pa），而调整前 H_1 为 23×9.8（Pa）。

按公式 $D_0 = D_1 \left(\dfrac{H_1}{H_0} \right)^{0.225} = \left(\dfrac{23}{37.5} \right)^{0.225} \times 120 = 0.61^{0.225} \times 120$，得

$$D_0 = 0.895 \times 120 = 107 （mm）$$

取 $D = 110$ mm，则第⑨段：

$$v = \frac{600}{2826 \times 0.11^2} = 17.5 （m/s）$$

然后再次计算⑨段：由 $D = 110$mm，$v = 17.5$m/s，查附录二计算得 $R = 3.1 \times 9.8$Pa/m，则

$$H_M = R \cdot L = 3.1 \times 10 \times 9.8 = 31 \times 9.8 （Pa）$$

$$H_d = 0.061v^2 = 0.061 \times 17.5^2 \times 9.8 = 18.7 \times 9.8 （Pa）$$

所以不能平衡。

再次取 $D = 115$mm 进行计算，则 $v = \dfrac{600}{2826 \times 0.115^2} = 16$（m/s）。查附录二得 $R = 2.7 \times 9.8$Pa/m，于是

$$H_M = 2.7 \times 10 \times 9.8 = 27 \times 9.8（Pa）$$

$$H_d = 0.061 \times 16^2 \times 9.8 = 15.6 \times 9.8（Pa）$$

$$H_J = \sum \zeta \cdot H_d = 0.34 \times 15.6 \times 9.8 = 5.3 \times 9.8（Pa）$$

$$H_M + H_J = （27 + 5.3）\times 9.8 = 32.3 \times 9.8（Pa）$$

③与⑨不平衡率为

$$\frac{67.5 - 62.3}{67.5} \times 100\% = 7.7\% < 10\%$$

④、⑤、⑥三段的总风量 $Q = 4680 + 600 = 5280$（m³/h），$v = 14$ m/s，则

$$D = 0.0188 \sqrt{\frac{5280}{14}} = 0.365（m）= 365（mm）$$

根据 $Q = 5280$m³/h，选用 TMCB-36 系列的脉冲袋式除尘器。将计算填入表 3-1 中，该风网阻力为 206×9.8（Pa），总风量为 5280m³/h，于是

$$H_风 = 1.15 \times 206 \times 9.8 = 236.9 \times 9.8 = 237 \times 9.8（Pa）$$

$$Q_风 = 1.2 \times 5280 = 6336（m³/h）$$

查附录五选用 C4—68—11No4.5A 型左旋 90°风机。其中 $n = 2900$ r/min，$N = 7.5$ kW。选用 Y132S2—2 型电机。

3.5　通风除尘系统的运行管理

3.5.1　通风除尘系统的检查

风网设备安装完工之后，要对安装质量进行最后一次检查。在检查中应注意以下几个问题：

①检查核对风网中各个设备的规格、尺寸及其配置方式和线路是否符合设计规定。如吸尘罩的位置和截面尺寸、网路组合等。必要时要用量具测量，并做好

记录，以备以后调整时参考。

②检查管道和设备的密闭性，要特别注意那些隐藏的部位。例如，管道通过楼板的连接处、两段管道连接处、并联离心集尘器的进口、与除尘器连接的排尘管等。

③检查所有设备和管道的固定是否牢固可靠。要做到风网中的所有设备和管道都不能有任何晃动的现象。

④检查压力门、风门等调节装置是否灵活。

⑤检查通风机和叶轮闭风器的转动部分是否灵活，传动皮带的松紧以及防护罩的安装是否恰当。

在检查过程中，必须一丝不苟，发现问题，及时解决。

3.5.2　试车和调整

试车的目的是进一步发现工艺设计、设备制造、安装中存在的问题，并加以改正。

（1）开机顺序。

试车前应先开动其他工艺设备；关闭风网的总风门；然后再开动叶轮闭风器和脉冲除尘器的清灰装置；最后启动通风机，待通风机运转正常后，再慢慢打开总风门至需要的位置。

（2）调整风速。

通风机启动后，在各个吸尘罩口或吸风道用手感触是否有风，并比较其大小，若发现个别风管无风或风量不大，要首先检查其进风口（或吸风道）是否畅通，若无问题，再适当调大该风管上的风门。如果各风管的风量都不大，则应适当调大风网的总风门。

（3）检查漏风。

其方法可用宽度小于 10mm，长约 150mm 的软纸条，接近可能漏风处，若纸条被吸在管壁上，就表明此处漏风，要采取措施堵塞漏风。

（4）检查设备的运行情况。

通风机的运行时间不能低于 0.5～1h，在通风机运行过程中，要分别检查通风机、叶轮闭风器、脉冲除尘器的清灰装置的运转是否正常，各轴承箱是否过热等。

（5）投料试车。

在上述空车运行过程中经检查调整后，即可进行投料试车。对各个相关工艺设备进料，进料应由小到大至正常进料量，然后观察各相关工艺设备产生的灰尘是否吸净，若发现有吸不净灰尘的风管，要适当调大该风管上的风门；再观察排风管出口处是否冒灰，若有冒灰现象，则要检查除尘器工作是否正常。

3.5.3　通风除尘系统在生产中的维护管理

①通风除尘网路正式投入运转后，必须有专人维护管理，同时要制定合理的操作规章制度，这样才能发挥通风除尘网路的效能。

②风网中的各风管的风量调整好后，必须将各个调节风门固定好并做出标记。不要轻易变动。

③风网应在工艺设备开动前启动，应在工艺设备停车后才停止运转。

④要定期检查集尘箱、密闭门、法兰连接处、测量孔、检查口、风管、除尘器等是否气密，严防漏风。

⑤定期检查通风机的传动皮带有无松弛现象，轴承是否保持良好的润滑，轴承箱是否过热，启动安全设备是否完善。

⑥风网工作一段时间后，在除尘风管内会聚集灰尘（尤其在水平风管内），要定期清扫。并要注意检查风管中是否有因水汽凝结而发生灰尘黏附在管壁的现象。

⑦要经常检查除尘器的工作情况。一要检查除尘器和排尘管是否堵塞；二要检查脉冲除尘器的清灰装置的工作是否正常；三要定期检查脉冲除尘器的滤袋是否破损；四要及时清理集灰箱内的灰尘并运出厂外。

⑧要制定切实可行的检修制度，以便及时发现问题，防止重大事故的发生。切实抓好通风除尘网路的防爆措施。

3.5.4　通风除尘系统常见的问题与分析

1. 风网系统实际风量大于设计风量

风网实际风量大于设计风量的原因有两个：一是风网的实际压力损失小于设计值，当通风机在低于设计风压的情况下运行时，造成风网的风量增加；二是通风机选择不当，当所选的通风机机号大或通风机的转速过高时，造成风网的风量增加。究竟是哪种情况，可通过测定风网的总压损（即通风机的风压）和风量来判断。

如果风网的实际风量稍大于设计风量，在除尘器运行和噪声等允许的条件下，可不必调整，认为基本符合设计要求。

如果风网的实际风量比设计风量大得多，则必须采取措施降低风量。风量调节的方法大致有两种：一种方法是降低通风机的转速，即改变通风机的性能曲线；另一种方法是节流调节，如改变通风机出风管上安装的风门的开启程度，对某些通风机可改变进风口处导流装置的角度。

2. 风网系统实际风量小于设计风量

风网系统实际风量小于设计风量的原因大致有以下几点。

（1）风网实际压损大于设计值。如果风管部分压损偏大，则应在风速允许的条件下，适当放大风管直径或改进局部管件的结构或尺寸；如果机器设备部分的压损偏大，则应检查设备的风道是否堵塞，除尘器选择是否正确、是否堵塞，布袋滤尘器滤布面积是否不足，空气含尘浓度是否过大，清灰装置是否正常工作。

（2）风网漏风。通风除尘风网安装好以后，要进行漏风检查试验，若发现有漏风之处，要及时封堵。

（3）通风机安装错误和运行管理不善，如通风机转向相反时，风量会大幅度下降。采用皮带传动的通风机，若皮带松弛打滑则会使通风机的转速下降而使风量降低。通风机的制造质量达不到要求时对风量也有较大的影响，如离心式通风机的叶轮与其进风口间的轴向和径向间隙超过叶轮直径的1%时，会使通风机的风量大幅度下降。

如果风网的实际风量比设计风量小得多，在修改设计时可适当提高通风机的转速，转速提高后必须检查电动机是否过载。

如果采取上述措施仍不能使通风机的风量满足设计要求则应考虑更换适宜的通风机。

3. 除尘器的除尘效率不高，屋顶冒灰，严重污染环境

除尘器除尘效率不高的原因有三种可能：
①设计计算出现错误造成除尘器选择错误；
②除尘器本身的性能不良；
③操作不正确，如除尘器的排灰口漏风等。

4. 通风机经常出现故障

通风机常见的故障有振动、轴承发热、电动机过载发热等。应分别检查通风机的制造装配和安装方面可能出现的问题并及时采取解决措施。

5. 室内噪声超过允许标准

室内噪声超过允许标准的原因有：通风机、工艺设备的噪声和振动较大；风管中风速过高或局部管件造成的再生噪声较大；消声器未达到预期的效果等。因此，需要从上述几方面测定分析，提出改进措施。

通风除尘系统在实际运行中出现的问题是多种多样的。在处理问题时应当深入实际调查研究，对具体问题具体分析。只有找出问题出现的原因，才能提出合理的解决办法。

第4章 气力输送

4.1 气力输送的概述

4.1.1 气力输送的应用与发展

气力输送是利用风机产生的具有一定速度和压力的气流通过管道输送散状物料的技术，是物料的搬运方式之一。气力输送又称风力输送、风运或风送。

人们很早就知道利用气流来完成某项任务，如风车、帆船等的运行。高速气流具有极大的能量，这可从龙卷风、热带风暴的破坏事件中得到证明。

使固体颗粒物料悬浮于空气中并通过管道进行输送的最初尝试，始于 1818年。1853 年世界上出现了在邮局内部传递信件的气力输送装置。1882 年在俄国彼得堡港出现了世界上第一台卸散粮船的气力输送装置，当初称为谷物卸船机，即现在的吸粮机。1893 年，英国也出现了吸粮机。发展到 20 世纪 30 年代，在欧洲荷兰的鹿特丹港和德国汉堡港的专业散装粮食码头上，吸粮机已成为主要的卸船设备。1945 年在瑞士建成了世界上第一家气力输送面粉厂。之后，气力输送技术很快在粮食加工厂推广。现在，全世界几乎所有的面粉加工厂都采用了气力输送方式输送加工过程中的在制品。

气力输送技术在我国的应用始于 20 世纪 50 年代，最初是为了满足港口散粮卸船的需求。1958 年，我国第一家采用气力输送方式输送物料的面粉厂在浙江金华建成。1966 年在江苏南京浦镇建成了采用气力输送的大米厂。到 20 世纪 90 年代，我国的部分港口出现了大型气力输送卸船机，最大输送产量达 600t/h。目前，国内面粉厂以及一部分碾米厂都采用气力输送的物料搬运方式。

气力输送技术发展至今，已广泛用于食品、化工、建材、制药、塑料、烟草、电力等多个工业领域。气力输送的型式也由最初的气力吸运发展到现在的气力压运、吸压混合输送、空气输送槽等多种型式。气力输送的距离可由几十米到数千米，输送产量可达每小时千余吨。

物料输送的管道化、密闭化和自动化，是现代散状物料输送技术的发展方向，而气力输送技术无疑是实现这种物流技术的最佳方式之一。在我国，随着粮食散装、散卸、散运和散存即"四散"技术的日益推广，气力输送技术会在粮食加工领域得到更广泛的推广和应用。

4.1.2　气力输送特点

气力输送的最显著特点，一是动力来源为具有一定能量的气流，简化了传统复杂的机械装置；二是密闭的管道输送，布置简单、灵活；三是没有回路。

综合分析气力输送装置，有以下主要特点。

（1）输送管路占用空间小且管路布置灵活。

（2）气力输送装置与其他机械输送装置相比更安全。

（3）管道输送物料，系统密闭，有利于环境和卫生。

（4）改善劳动条件，降低劳动强度，生产效率大大提高，有利于实现自动化。

（5）"一风多用"，提高某些工艺设备效率。

（6）气力输送属于高速气流输送物料，对物料有限制水分大、黏附性强、研磨性大、容易破碎物料不宜采用气力输送，且物料粒径限制在 50mm 以下；

（7）如果不考虑气力输送搬运方式输送物料功能之外的其他特点，同样的输送产量、输送距离，气力输送的能耗高于机械输送方式。

4.1.3　气力输送装置的类型

气力输送装置根据输料管内的压力是否高于大气压分为气力吸运和气力压运两种基本类型。气力吸运也称负压输送；气力压运也称正压输送。另外，根据需要还有吸与压结合的混合式气力输送。

1. 气力吸运

气力吸运输送装置如图 4-1 所示。物料的输送过程在风机的吸气段完成，这种输送方式具有以下特点。

（1）供料简单方便。只要将管道的进料口放到物料堆上或将物料导流到管道的进料口处，物料自然随气流流动被吸入管道中，无须人工供料。

（2）输送管道进料口处和输送系统内部空气压力低于大气压，因而在供料处产生的粉尘不易向外逸出，供料处工作环境空气洁净。

（3）气力吸运输送装置容易实现从多处同时吸送物料，而集中一处卸料。

（4）气力吸运特别适用于堆积面积广或位于深处、狭窄处或角落处物料的输送、清理。

（5）要求输送管道、卸料器等构件气密性高。

（6）输送产量大。最大吸送产量每小时可超过 1000t。

气力吸运输送方式可以有一根或多根输料管。多根输料管气力吸运输送方式广泛应用于粮食加工厂物料品种多或者需要多次提升的场合，如图 4-1 所示的气力吸运输送装置。单根输料管气力吸运输送方式多用于一种散料或者物料只需输送一次的场合，如吸粮机，只用一根输料管将散粮吸送出船舱即可。

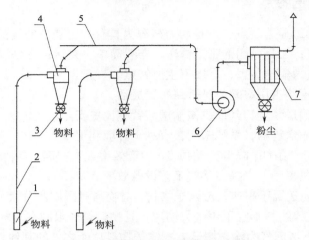

图 4-1　气力吸运输送装置示意图

1. 接料器；2. 输料管；3. 闭风器；4. 卸料器；5. 汇集风管；6. 风机；7. 除尘器

气力吸运输送方式根据输送管道内工作压力的高低可以分为低真空（工作压力不超过 $9.8 \times 10^3 \mathrm{Pa}$）气力输送和高真空气力输送（工作压力在 $9.8 \times 10^3 \sim 4.9 \times 10^4 \mathrm{Pa}$ 之间）两种类型。

2. 气力压运

气力压运输送装置如图 4-2 所示。物料的输送过程在风机的压气段完成，这种输送方式具有以下特点。

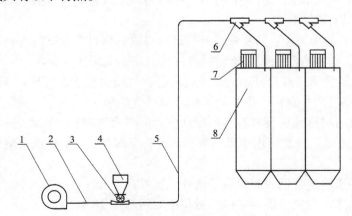

图 4-2　气力压运输送装置示意图

1. 风机；2. 风管；3. 供料器；4. 料斗；5. 输料管；6. 双路阀；7. 仓顶除尘器；8. 料仓

（1）适合于从一处向多处进行分散供料，即可以实现一处供料，多处卸料。

（2）卸料容易供料难。气力压运输送装置的输料管连接于风机的排气口上，因而输料管内空气压力高于大气压，而要将大气压状态下的物料供入输料管中就比较困难。要求供料器供料的同时保持高度的气密性，即管道内的正压气流不能通过供料器逸出，否则，向外逸出的正压气流将阻止物料进入供料器从而影响向输料管供料，造成供料器产量大大降低甚至供料中断。

气力压运输送装置卸料容易，只需将输料管末端连通到仓内或某地点后，从输料管末端喷出的物料即可在自身重力作用下自然沉降。当然，在输料管末端连接一个物料与气流的分离装置即分离器，卸料效果会更好。

（3）输送系统要求气密性高，不允许漏气，否则管道中的正压气流由缝隙逸出时，将导致管道内气流速度降低使输送受到影响；其次，管道内的粒径微细物料也会一同逸出，污染环境。

（4）适合长距离输送。气力压运输送方式因设备少、管道布置灵活、输送距离长、容易做到多点卸料等特点，在面粉厂制粉车间的配粉工序、食品车间的原料入仓等场合得到广泛应用。

气力压运系统根据工作压力的高低分为低压压送（压力不超过 $4.9 \times 10^4 Pa$）气力输送和高压压送（工作压力大于 $9.8 \times 10^4 Pa$）气力输送两种类型。

相比较而言，气力吸运输送方式供料器简单，分离器（或称卸料器）是主要设备，有利于将各处物料收集到一处或几处；气力压运则分离器简单，或利用料仓作为分离器，而供料器复杂，供料器是输送系统的关键设备，适合将物料从一处输送到多处。

3. 吸-压混合式气力输送

一台风机，在风机的吸气段完成气力吸运或物料提升后，又将物料供入风机的压气段继续输送，此即吸-压混合式气力输送类型，如图 4-3 所示。它综合了气力吸运和气力压运的共同特点，特别适用于散料的卸船入仓、出仓装包或散料的清扫装车等，但动力消耗较高。

目前，气力输送装置的型式以稀相输送即悬浮输送方式最为广泛，技术最为成熟，因此本章主要介绍悬浮输送方式的气力输送技术。

4.2　气力输送主要装置

气力输送系统主要由供料器、输料管、分离器、风机、除尘器以及其他辅助部分等构成。

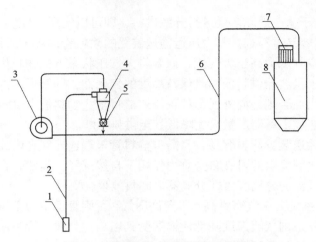

图 4-3　吸-压混合式输送装置原理图

1. 接料器；2.输料管；3. 风机；4. 卸料器；5. 供料器；6. 压送管；7. 仓顶除尘器；8. 料仓

4.2.1　供料器

1. 供料器及其要求

能够定量供给或排出粉粒状物料的设备称为供料器，供料器也称为喂料器或接料器等。

在气力输送装置中，供料器的作用是将物料喂入到输送管道中，并且在这里物料与空气得到充分混合，继而被气流加速和输送。因此，供料器是气力输送的"咽喉"部件，供料器的结构及性能对气力输送装置的输送量、工作的稳定性、能耗的高低有很大影响。尤其对于气力压运输送装置，供料器的性能是否良好，将影响整个气力压运系统能否正常运行。

在设计或者选择供料器时，应满足以下要求。

（1）物料通过供料器喂入输料管时，应能与空气充分混合。要求空气流从喂入的物料层中穿过，从而使物料均匀地分散在气流中，这样才能有效地发挥气流对物料的加速、悬浮和输送作用，不至于掉料。

（2）供料器的结构要使空气通畅进入，不致产生过分的扰动和涡流，符合流体的流动规律，以减少空气和物料流动的阻力。

（3）尽量使进入输料管的物料运动方向与气流的流动方向一致，避免逆向进料，以减少气流对物料的加速能量损失。

（4）不漏气、不漏料、不积存料。在输送谷物原粮时，供料器不破碎粮食。

（5）定量供料，供料连续可靠。

（6）高度低，占地面积小。

在气力压运输送系统中，管道内空气压力高于大气压，因此，气力压运系统中的供料器除了满足一般供料器的要求外，还必须具备高度的气密性。同时，供料时进入供料器的高压气流必须设置专门的排气通道或者结构进行排放，做到既不影响供料器的产量，也不影响系统的风量。

2. 常用的供料器

常用的供料器主要有吸嘴型、三通型、叶轮型、弯头型等类型。

1）吸嘴型

当移动式的或固定式的负压气力输送装置（即吸粮机）用于车船、仓房和其他场地堆放的散状物料的装卸、输送或清扫时，常将供料器称为吸嘴，用吸嘴对物料进行捕捉和输送。对于吸嘴，有以下要求。

（1）产量大、阻力小、不掉料：在进风量一定的情况下，进料量最多而且流动阻力低，进料连续、均匀、不漏料。

（2）具有补风装置而且补风量大小可调：通过调节补风装置，以便获得吸送不同物料时最合适的输送产量以及具有防堵塞和清堵能力。

（3）轻便、容易操作：便于插入物料堆而又容易拔出、移动，能吸净容器底部和各个角落的物料。

（4）能防止吸入绳头类、铁丝类等长尺寸或其他形状的大尺寸杂质。在对含有或容易发生粉尘爆炸的物料作业时，还应防止吸入金属性杂质。

吸嘴主要有单筒型和双筒型，在小型吸粮机上一般采用质量较轻的单筒型吸嘴，而大、中型吸粮机上多采用双筒型吸嘴。

a）单筒型吸嘴

单筒型吸嘴的结构简单，通常有直管型、喇叭口型、斜口型和扁口型等，如图 4-4 所示。

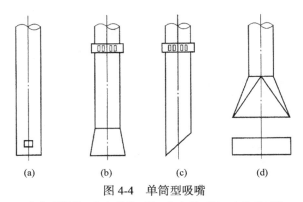

图 4-4 单筒型吸嘴

（a）直管型；（b）喇叭口型；（c）斜口型；（d）扁口型

直管型吸嘴,即直接利用输料管的端部,或为通过挠性软管连接到输料管上的一段直管。直管型吸嘴结构简单,易于制作,但进口压力损失大,进风量和补风量无保证,无调节功能。当直管型吸嘴插入料堆过深时,容易被物料埋住堵死,因为无空气流入或者空气量少而使输送中断;有时也会因吸送产量过大造成管道内物料运行停顿,进而发生输料管堵塞。

(1)直管型吸嘴供料量的稳定性差,供料量过大时容易导致吸嘴堵塞,所以为了防止吸嘴被物料堵死,一般在单筒型吸嘴的端部开设有补气口即二次空气进风口。二次进风的作用是弥补一次进风口空气量的不足,使进入吸嘴的物料获得较好的加速度,或者吸嘴端部被坍塌的物料埋住以及操作不慎插入料堆过深吸嘴被物料堵死时起到清堵作用。

直管型吸嘴端部的二次进风口多为固定不可调节。为了根据输送情况调节输送量,必须靠频繁上下移动吸嘴来改变端部埋入料堆的深度,因此,这种吸嘴很难获得连续高效的输送。

(2)喇叭口型吸嘴的端部为喇叭口形状,是为了减少一次空气和物料进入吸嘴的阻力。在喇叭口以上直管段安装有一可转动的调节环,用来调节二次空气进风量。调节二次进风量可获得最佳的输送产量。

(3)斜口型吸嘴,主要用于船舱、仓库等残余物料或容器角落物料的清扫,也可用于成堆散料的输送。一般无风量调节及二次补风装置。

(4)扁口型吸嘴主要便于大面积平整场地残余物料的清扫或成堆散料的输送。例如,房式仓地面散粮的输送,如果采用圆筒型吸嘴,则不易清扫干净,而用扁口型吸嘴则可清扫干净。

b)双筒型吸嘴

双筒型吸嘴的结构,如图 4-5 所示。

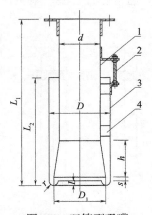

图 4-5 双筒型吸嘴

1. 内筒;2. 调节螺栓;3. 外筒;4. 支撑块

它主要由入口处做成喇叭形的内筒和可以上下活动的外筒以及支撑块、调节螺栓等部分组成。支撑块焊接在内筒的外壁上保证内外筒同心安装。内筒上端法兰与输料管法兰盘连接,物料及部分空气由内筒的喇叭形端口进入,补充空气即二次空气经内外筒之间的环形空间由上而下进入内筒。通过调节螺栓调节外筒上下移动以改变内外筒下端端面的间隙,从而调节从环形空间进入内管的二次空气量,使物料得到有效的加速,获取最佳输送浓度和最大输送产量。

双筒型吸嘴内筒的直径与其所连接的输料管直径相同。外筒直径根据吸嘴内外筒之间的环形截面面积与内筒的有效断面面积相等的原则来确定,即按式(4-1)计算:

$$D = \sqrt{d^2 + (d + 2\delta)^2} \qquad (4\text{-}1)$$

式中,D——外筒直径,mm;

$\quad\quad d$——内筒直径,mm;

$\quad\quad \delta$——筒壁的厚度,mm。

喇叭口的内径:

$$D_1 = \sqrt{D^2 - 0.5d^2 - 2\delta} \qquad (4\text{-}2)$$

式中,D_1——喇叭口的内径,mm。

喇叭管高度 h:

$$h = 4.07(D_1 - d) \ (\text{mm}) \qquad (4\text{-}3)$$

圆弧体高度 L:

$$L = (0.2 \sim 0.3)d \ (\text{mm}) \qquad (4\text{-}4)$$

圆弧半径 r:

$$r = \frac{D - d - 2\delta}{4} \ (\text{mm}) \qquad (4\text{-}5)$$

一般,对于大型吸粮机,双筒型吸嘴内筒的总长度 $L_1 \geqslant 1000\text{mm}$,外筒总长度 $L_2 \geqslant 700\text{mm}$,内外筒壁厚 δ 取 1.5~3.0mm。吸嘴内外筒端面间隙 s 和吸嘴插入物料中的深度,对吸送不同种类的物料和气力输送装置采用不同的气源设备风机而数值不同,可在实际运行时调整确定。

吸嘴的压力损失,可按式(4-6)计算:

$$\Delta P = \zeta \frac{u_a^2}{2g} \gamma_a (1 + \mu k) \ (\text{Pa}) \qquad (4\text{-}6)$$

式中，ζ——吸嘴阻力系数，一般取 $\zeta = 1.7$；

μ——输送浓度，kg/kg；

γ_a——吸嘴入口处的空气重度，N/m³；

u_a——吸嘴入口处的空气速度，m/s；

k——系数（物料的种类不同、输送浓度不同，系数 k 不同。稻谷：$u_a = 18 \sim 22$m/s，$\mu = 18 \sim 40$kg/kg，$k = 2.9223 - 0.0518\mu - 0.0887u_a$）。

吸嘴的压损也可由实验测得。吸嘴的压损一般在（300～1000）× 9.81Pa 范围内，为系统总压损的 1/3 左右。

当吸送粒度不均匀、散落性差的物料时，可采用带松动装置的转动吸嘴，使物料不断塌落松动，从而保证吸嘴连续吸送物料。

2）　三通型

在某些加工厂的一些吸送式气力输送装置中，输送管道中的物料来源于其他加工设备，即加工设备的排出物料由溜管供入气力输送输料管中，这种情况下的供料器常称为接料器，而且多采用三通型，如立式三通接料器、诱导式接料器和卧式三通接料器等。

a）立式三通接料器

立式三通接料器主要用于物料垂直提升或倾斜提升的气力输送管道上，结构如图 4-6 所示。

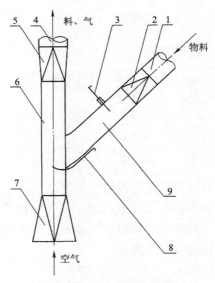

图 4-6　立式三通接料器

1. 圆形溜管；2. 变形管；3. 插板；4. 输料管；5. 圆变方变形管；6. 矩形风管；7. 喇叭形进风口；
8. 弧形涧板；9. 矩形溜管

工作时，物料从自溜管滑入到由喇叭口进气的垂直输料管中，自下而上的气流使物料悬浮、加速和提升。为使物料能顺着气流方向进入并与气流均匀混合，立式三通接料器的进料溜管和垂直部分管道均为矩形截面，而且在进料溜管的末端装有位置可调节的弧形淌板。弧形淌板的尾部弯曲方向与垂直管道内的气流方向基本相同。当物料由矩形溜管滑过淌板时，淌板的导向作用，使物料具有向上的初速度，从而易于被气流加速和节省能量。

　　b）诱导式接料器

　　诱导式接料器的结构如图 4-7 所示，它是立式三通接料器的一种变形，是粮食加工厂最常用的一种接料器。

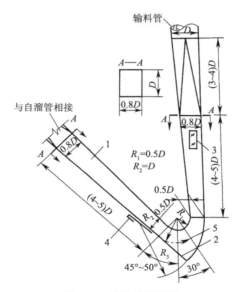

图 4-7　诱导式接料器

1. 方形溜管；2. 进风口；3. 观察窗；4. 插板活门；5. 弧形淌板

　　诱导式接料器具有良好的空气动力学特性。物料沿圆形自溜管下落，经圆变方变形管进入矩形截面的诱导式接料器，通过弧形淌板对物料进行的向上诱导作用进入自下而上的气流中。在气流的带动下，先经过风速较高的较小截面管道进行加速、提升，然后经方变圆渐扩管进入输料管正常输送。在弧形淌板处，安装有风量调节阀门（插板阀或旋转多孔板），以控制和调节从诱导式接料器进风口进入的空气量。

　　根据物料的下落情况来调节弧形淌板的位置，可以使物料离开弧形淌板时的运动速度与气流方向基本一致，以达到最佳输送状态。

　　诱导式接料器适用于粉粒状物料，具有料、气混合性能好，阻力小（阻力系数为 0.7 左右）等优点。

c）卧式三通接料器

卧式三通接料器的结构如图 4-8 所示，主要由进料弯管、进气管、隔板和输料管等部分构成。工作时，物料由进料弯管进入输料管中，物料进入方向与气流方向基本一致，并在此与进入的气流混合并被加速、输送。为防止喂料量的波动引起的进料口处管道堵塞，在进料口处的水平输料管中常安装一隔板，隔板使得水平输料管空气的流动始终处于畅通状态。

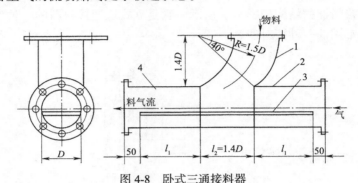

图 4-8　卧式三通接料器

1. 进料弯管；2. 进气管；3. 隔板；4. 输料管

卧式三通接料器主要用于水平气流输送管道的喂料，它高度低、体积小，可直接安装在某些加工设备底部的出料口上。

卧式三通接料器的阻力系数 $\zeta = 1.0$。

d）喷射卧式供料器

喷射卧式供料器的结构示意图如图 4-9 所示。

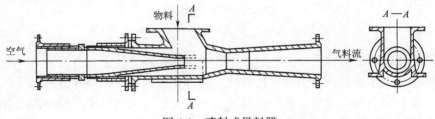

图 4-9　喷射式供料器

对于低压短距离气力压运输送装置可以使用喷射卧式供料器。其工作原理是利用供料口处输送管道的收缩喷嘴使气流速度增大、动压升高、静压下降的特性，造成供料口处的静压等于或低于大气压，这样，管道内的正压空气不仅不会从供料口处喷出，反而由于引射作用，少量空气和物料从供料口处被吸入到输料管中，从而完成向正压空气管道的供料。在供料口的后面有一段渐扩管，在渐扩管中气流速度逐渐减小，静压逐渐升高，使气流转换到正常输送的气流速度和静压力。

　　喷射供料器的优点是结构简单、尺寸小、无转动部件。缺点是输送浓度低、压力损失大、效率低。其他型式的供料器，还有弯头式、磨膛提料等，如图 4-10 所示。

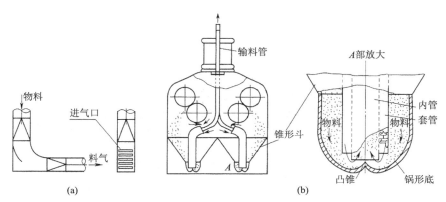

图 4-10　弯头式接料器和磨膛提料
（a）弯头式接料器；（b）磨膛提料

3）叶轮型

　　叶轮型供料器，即叶轮型闭风器、关风器，也称旋转式供料器。其结构、工作原理详见本书第 4 章第 6 节内容。叶轮型闭风器既可作为除尘器的排灰装置，也可以作为气力输送装置的供料器使用，而且可以实现定量供料。

　　在气力压运输送系统中，因为管道系统内部的空气压力高于大气压，因而气力压运输送系统的供料属于强制供料。强制供料的特点使得叶轮型供料器成为气力压运输送系统首选的供料器，为区别其他系统内的供料器，气力压运系统中的叶轮型供料器又称为正压关风器。

　　气力压运系统中的叶轮型供料器型式上与普通的叶轮型闭风器相同，但在加工精度、漏风率等性能指标的要求上则远远高于普通的叶轮型闭风器，而且在使用上也与普通叶轮型关风器不同。因此，普通的叶轮型闭风器一般不能用作气力压运系统的供料器。在气力压运输送系统工作时，随着叶轮型供料器的旋转，物料被排卸到管道中。同时，管道内的正压空气迅速向上进入供料器的叶室中，并随着叶轮的旋转被带到进料口。在叶室与进料口连通的瞬间，这股正压气流将阻碍物料向下流动进入供料器。因此，为了提高供料器叶轮格室中物料的装满程度以及减少对物料进入供料器的影响，常在壳体上安装高压空气导出管道或匀压管，叶轮型供料器叶室内高压空气的排放原理图如图 4-11 所示。

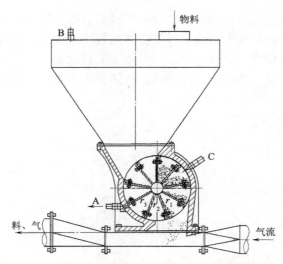

图 4-11　叶轮型供料器叶室内高压空气的排放

在图 4-11 中,来自风机排气口的正压气流由右侧管道进入叶轮型供料器底部,随着叶轮的旋转物料被供入管道中。在气流的作用下,物料与气流混合形成均匀的料气两相流并被加速输送。安装在叶轮型供料器左下侧 A 处的匀压管或者空气导出管道使叶轮的叶室在旋转到供料口装料之前,将叶室中的来自输料管的高压空气排出。高压空气的排出常采用两种基本型式:第一种方式是将高压空气排放到叶轮型供料器上部的料斗中,如 B 处;第二种方式是将高压空气排放到叶轮型供料器进料侧的叶室内,如 C 处。从整个气力压运系统的性能考虑,两种排放方式中以第二种方式对系统的影响最小。因为采用第一种排放方式时,叶室 Y_3 与供料器落料口、进料口的密封前后都只有一个叶片,供料器进料口和落料口之间的密封性能将显著降低,供料器落料口处的系统内的高压空气将会通过叶室 Y_3、匀压管排放到料斗中,等于排放到了大气中。即如果叶轮型供料器叶片端部与机壳内壁的间隙较大时,会造成系统严重的漏风,从而影响系统的正常输送功能。

图 4-12 所示为叶轮型供料器匀压管安装的另一种型式。匀压管安装在叶轮型供料器的端盖上,这种方式是将进入叶室内的高压空气排放到了进料侧的叶室内,匀压管短,连接方便。

图 4-13 所示为气力压运输送系统中常使用的一种叶轮型供料器,称为吹通式正压关风器。物料由上部进料口供入叶轮的叶室内,并随叶轮旋转,当旋转到供料器底部时,由于叶轮的叶室与输送管道相通,输送气流将叶室内的物料吹入输料管中。吹通式正压关风器的叶轮无侧面挡板,关风器的底部壳体和叶轮的叶片已经构成输送管路的一部分。

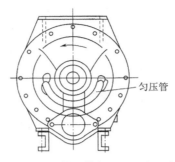

图 4-12 叶轮型供料器上的匀压管

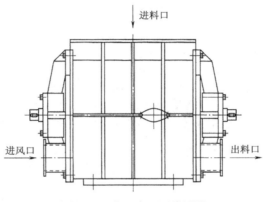

图 4-13 吹通式正压关风器

吹通式正压关风器一般适用于流动性好、研磨性较弱的物料。

在气力压运输送系统中安装叶轮型供料器时，在叶轮型供料器连接的输送管道上，有时还设置旁通管和阀门，当系统压力波动压力降低时或者喂料量突然增大造成供料器底部物料堆积堵塞管道时，可以用来疏通管道。

4.2.2 输料管线

输料管是气力输送系统中物料输送的通道，一般由直管道、弯头、分路阀等构成。

1. 输料管

在气力输送装置中，输料管主要指连接在供料器和卸料器之间的管道部分。输料管的内径一般为 60～300mm。

输料管多采用薄钢板焊接管或无缝钢管。对于低真空气力输送系统也可采用镀锌薄钢板卷制的焊接管道，但要注意管壁的厚度，管壁太薄，气力吸运工作时，有可能被吸瘪。对于输送食品原料或其他特殊要求制品时，还可以采用不锈钢管或铝管。为减少管道磨损、延长管道的使用寿命。有时采用锰钢管道或内衬耐磨材料的焊接管或者其他耐磨材料管道等。

输料管中也可以采用具有一定挠性的软管，如金属软管、耐磨橡胶软管、塑胶软管或套筒式软管等。在气力输送输料管道中使用软管，可扩大供料、排料的区域或灵活安装管道。在吸粮机上使用软管可以使吸嘴操作更容易、更灵活和扩大吸嘴的物料捕捉区域。但软管的阻力较大，一般软管的阻力是钢管的两倍或两倍以上，应尽量少用。

在气力输送装置中，为了便于观察管道内物料的有无和运动状况，在输料管上常常每隔一定距离安装一段有机玻璃管作为观察窗使用。有时输料管全部采用有机玻璃管或者透明塑料软管。但在使用有机玻璃管和透明塑胶管道时，容易产生静电，应注意管道静电的接地处理。

输料管常由数段管道连接而成，管段间的连接可采用法兰连接，或快速接头连接，但必须有橡胶垫等密封垫以保持管道连接处的气密性。

对于输料管，最基本的要求是管道内壁光滑，无凸起，尤其管道连接处无错位。这样的要求既可使物料输送时节省能耗，减少管道内壁障碍物对物料的阻滞作用避免发生管道堵塞，又可减少输送过程中物料的破损，降低物料破碎率。

2. 弯头

为改变物料的输送方向，在输料管中采用了弯头、软管等。

物料在弯头处与外侧壁面发生激烈的摩擦、碰撞而改变方向，因而在弯头中运动时，物料的速度会有所降低。物料通过弯头后再被气流加速和正常输送，因此，弯头的阻力是比较大的，输料管发生堵塞往往从弯头处开始。

弯头的阻力与转角大致成正比，因此，弯头应采用最小的转角。其次，弯头的阻力还随曲率半径的大小而变化，一般曲率半径越大，弯头阻力越小。为了减少物料和空气通过弯头时的能量损失，弯头的曲率半径一般取输料管管径的 $6 \sim 10$ 倍，即 $R = (6 \sim 10) D$，或曲率半径不小于 1m。

为了提高弯头的耐磨性和延长弯头使用寿命，弯头常做成矩形截面。对容易磨损的部位，如弯头的外侧板，将外侧板做成法兰盘连接型式，外侧板磨损后更换外侧板即可，不必更换全部弯头。有时，在可拆卸的外侧板内还可衬耐磨板，如超高分子量聚乙烯耐磨板、聚氨酯耐磨板或者锰钢板等，以延长弯头的维修、更换周期。图 4-14 为气力输送输料管中常使用的弯头型式和结构。

3. 分路阀

在气力输送装置中，尤其在气力压运的输料管道上，为实现一处供料，多处

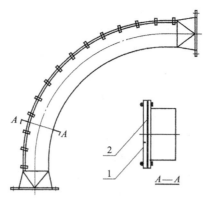

图 4-14　输料管中弯头的型式和结构

1. 外侧盖板；2. 耐磨衬板

卸料，即从一个供料点供料实现向多个散存仓或地点输送物料，常需要在输料管道上安装分路阀或者多路阀。最常见的分路阀是双路阀，实质即分流三通。

图 4-15 所示为气力输送输料管上双路阀的一种型式和结构。料气两相流自左侧进入双路阀，图 4-15（a）所示为阀体旋转使物料进入 1 通道；图 4-15（b）所示为阀体旋转使物料进入 2 通道。

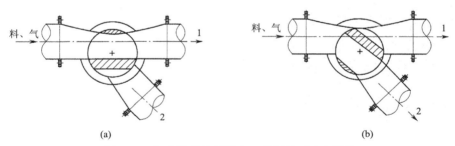

(a)　　　　　　　　　　　　　　　　(b)

图 4-15　气力输送输料管上双路阀的型式和结构

双路阀即将流动通道一分为二，通过旋转阀体选择流动的通道。一个双路阀可以将物料输送到两个输料点，多个双路阀串联使用可以将物料输送到多个输料点。例如，一条气力输送线，往 10 个料仓供料，则需要在输料管上串联 9 个双路阀来实现一处供料，10 处卸料。

使用一个多路阀可以实现一点供料多点卸料，一个多路阀相当于多个串联使用的双路阀。

4.2.3　分离器

吸嘴或供料器将物料喂入到输料管中，输料管将物料输送到要求的地点后还必须将物料从气流中分离出来，将物料从气流中分离出来的设备称为分离器或卸料器。气力输送中的分离器与除尘器实质上是相同的，唯一的差别是分离器有一定的产量、物料破碎率低的要求等条件，而且有时产量还比较大。常用的卸料器有离心式卸料器和重力式卸料器等类型。

1. 卸料器的基本要求

（1）分离效率高。

卸料器应最大限度地将输送的物料从气流中分离出来，避免物料的损失。分离效率低时，从卸料器排出的空气中将含有一部分物料（为所输送物料中的粒径微细部分），会加重空气净化装置除尘器的负荷。

（2）阻力小。

卸料器的阻力低意味着消耗较低的风机能量，节能。

（3）性能稳定，排料连续可靠。

要求卸料器在连续运行时，分离效率稳定，排料时连续可靠，不漏气，不存料。

（4）体积小，高度低，操作简便。

即节省空间和占用面积小，易于维修。

有些使用场合，要求卸料器具有"一风多用"的功能，气流除了用来输送物料外，还可用来完成某些工艺效果。例如，气力输送小麦、玉米等谷物原粮时，在卸料器内设计特殊的结构利用气流将小麦、玉米中的轻杂分离出来，以减轻生产设备的负荷；还可以利用高速气流携带物料撞击到某种特制工作面上，使物料与特制工作面发生撞击、摩擦，对物料起到表面清理作用等。

2. 常用的卸料器

（1）离心式卸料器。

离心式卸料器是利用物料和气流的混合物（两相流）在做旋转运动时离心力的作用使物料与气流分离的，即离心式除尘器或刹克龙。离心式卸料器分离效率高、阻力低、结构简单、容易制造、体积小，既可用来净化含尘空气作为除尘器使用，还可作为气力输送中的卸料器使用。

离心式卸料器的选择方法同离心式除尘器。离心式卸料器一般单台使用。

（2）重力式卸料器。

重力式卸料器是利用筒体有效截面的突然扩大、气流速度显著降低从而使气流失去携带物料的能力，于是物料在重力的作用下从气流中沉降出来。重力式卸料器结构简单，压力损失小，但体积大，并且由于是利用重力分离物料，分离粒径微细物料的能力有限，因此重力式卸料器主要用于颗粒状物料的分离。重力式卸料器也称为容积式卸料器。

重力式卸料器的结构如图 4-16 所示。重力式卸料器为一筒体结构,由进料口、中部筒体和与筒体相连接的上下锥体构成。上部锥体与排气管相连接,下部锥体排料。

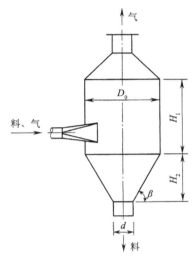

图 4-16 重力式卸料器的结构示意图

重力式卸料器的筒体直径 D_0 计算:

$$D_0 = 1.13\sqrt{\frac{Q}{3600u_t}} \quad (\text{m}) \tag{4-7}$$

式中,Q——卸料器的处理风量,m^3/h;

u_t——重力式卸料器筒体部分有效截面上的气流速度,一般取 $u_t = (0.03\sim0.10)u_f$;

u_f——物料的悬浮速度,m/s。

重力式卸料器筒体部分的高度 H_1 计算:

$$H_1 = CD_0 \quad (\text{m}) \tag{4-8}$$

式中,C——系数。

对于粒径大于 3mm 的颗粒,$C = 1.0\sim1.5$;对于粒径 0.5~3.0mm 的颗粒,$C = 1.3\sim1.8$;对于粒径小于 0.5mm 的颗粒,$C = 1.5\sim2.0$。

重力式卸料器下部锥体高度 H_2 计算:

$$H_2 = 0.5\left(D_0 - d\right)\tan\beta \quad (\text{m}) \qquad (4-9)$$

式中，d——下部锥体出料口直径，m；

　　　　β——锥体壁与水平面的夹角，一般 $\beta \geqslant$ 物料自溜角。

重力式卸料器的压损计算：

$$\Delta P = \zeta \frac{u_a^2}{2g}\gamma_a\left(1 + \mu k\right) \quad (\text{Pa}) \qquad (4-10)$$

式中，ζ——重力式卸料器的阻力系数，$\zeta = 3 \sim 6$；

　　　　γ_a——重力式卸料器进口处的空气重度，N/m^3；

　　　　μ——输料管中物料的输送浓度，kg/kg；

　　　　k——系数，$k = 0.2 \sim 0.4$；

　　　　u_a——重力式卸料器进口风速，m/s。

设计重力式卸料器时，常常选择已有的料仓或大的容器直接作为卸料器使用。为提高重力式卸料器的卸料效率，一般要求选择较低的进口速度，排风口距进料口最远或者在卸料器内部加装挡板。

4.2.4　除尘器

由于卸料器的分离效率不可能为 100%，因此物料和空气的混合物经过卸料器之后，从卸料器排放的空气中仍含有一部分粒径微细的物料或粉尘。为了使空气的排放浓度达到环境排放标准的要求、回收有用物料减少经济损失以及减少风机磨损和保护风机等，在卸料器之后需安装除尘器。气力输送装置中常用的除尘器有离心式除尘器和滤布式除尘器。

1. 离心式除尘器

离心式除尘器主要用于空气中粒径大于 5μm 或粒径较大的粉尘的分离。一般对于粒径大于 20μm 的粉尘，除尘效率可达 80%，大于 40μm 的粉尘分离效率可达 90%。但单独使用离心式除尘器很少能达到环境排放要求。

当处理风量较大时，常选择多个离心式除尘器并联使用，如二联、四联等。

2. 过滤式除尘器

在气力输送系统中，当卸料器采用离心式卸料器时，含尘空气的净化往往不再使用离心式除尘器，而多采用过滤式除尘器。

过滤式除尘器的显著特点是对微细粒径粉尘的除尘效率特别高。过滤式除尘器是目前空气排放浓度达到环保要求的必用除尘设备。在气力输送装置中，卸料器卸料之后废气的净化一般采用各种类型的过滤式除尘器。

4.2.5 风机

气力输送装置中，由于物料的输送需要消耗很高的能量，因而气力输送装置中的风机多选用高压离心通风机或罗茨鼓风机等空气机械。

气力输送装置中的风机应满足以下要求：

①能够提供气力输送装置所需要的全压和风量。

②风机输送的空气不含油、水等杂质成分，清洁干净。对于粮食、食品、药品等有特殊要求的物料的输送更是如此。

③气力输送的输送产量波动引起管网阻力波动大，而要求风机的风量变化量较小。

④风机能够适应通过风机的空气中含有一定粒径范围、浓度的粉尘。

⑤风机便于检修和使用。

在气力压运输送装置或气力卸船机（吸粮机）装置中，风机多采用罗茨鼓风机或罗茨真空泵，有时也采用高压离心式通风机或选择多级离心式鼓风机等。

气力输送装置中的多级离心式鼓风机一般具有 2～4 个叶轮。具有 2 个叶轮的称为 2 级离心式鼓风机；具有 4 个叶轮的称为 4 级离心式鼓风机。多级离心式鼓风机的性能曲线特点与普通的离心式通风机相似，都呈现出风压增大风量减小的特点。在气力输送装置中，为了保持管道中的风量恒定，风机连接管道上要安装风量调节阀。

气力输送装置中使用的多级离心式鼓风机的机壳多为钢板焊接制作，质量轻，对通过风机空气的含尘浓度高低、粉尘粒径大小有较高的适应性。但多级离心式鼓风机转速较高，一般超过 3000r/min。图 4-17 所示为气力输送装置中使用的一种 4 级离心式鼓风机结构示意图。

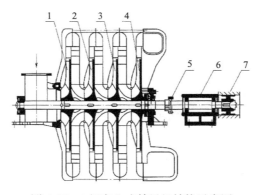

图 4-17 4 级离心式鼓风机结构示意图

1. 一级叶轮；2. 二级叶轮；3. 三级叶轮；4. 四级叶轮；5. 联轴器；6. 轴承座；7. 皮带轮

4.3　气力输送的基本原理

4.3.1　物料颗粒的空气动力学特性

研究散状固体物料的气力输送，即研究物料颗粒在气流中的运动规律，而沉降速度、悬浮速度是物料颗粒在气流中运动的最基本特性，这个特性也称为物料颗粒的空气动力学特性。

悬浮速度反映了所输送物料颗粒在气流中的主要物理特性。悬浮速度的数值大小由物料的密度、粒径、形状、表面状态、管道直径、空气密度等因素决定。物料颗粒的悬浮速度是悬浮式气力输送系统设计的主要原始数据之一，它是合理选择输料管安全输送风速的重要依据。

4.3.2　物料在管道中的运动

管道中的物料在空气动力作用下的运动由于受到许多因素的影响，是一个很复杂的现象，它涉及气固两相流的理论。

1. 输送气流速度与物料运动状态

从理论上讲，在垂直管道中，当气流的速度大于颗粒的悬浮速度时，单颗粒物料就能被气流带走，形成气力输送。而在实际装置中，由于物料是颗粒群体而且颗粒与颗粒之间、颗粒与管道之间存在着摩擦和碰撞，管道边壁附近区域的低速区以及弯头等局部构件处气流速度的不均匀，常造成输料管中实际所需的气流速度远大于颗粒的悬浮速度。

在气力输送过程中，物料颗粒的运动状态主要受输送气流速度影响和控制。在输送量一定时，输送气流速度越大，颗粒在管道内气流中的分布越接近均匀分布而且处于完全悬浮输送状态。气流速度逐渐减小时，在垂直管道中会出现物料颗粒速度下降、物料分布出现密疏不均现象，而对于水平输料管则会出现靠近管底物料分布密度高的现象；当气流速度低于某一值时，对于垂直输料管道会出现局部管段掉料、悬浮但又能够被提升现象，对于水平输料管则会出现一部分颗粒在管底停滞，处于一边滑动，一边被气流推着运动的运动状态。当气流速度进一步减小时，水平输料管管底停滞的物料层做不稳定的移动，最后停顿，产生管道堵塞现象；对于垂直输料管则会出现管道中输送的物料瞬间发生重力沉降，即发生掉料或堵塞管道等现象。

颗粒群物料在水平输料管中不同输送风速时的物料运动状态如图 4-18 所示。

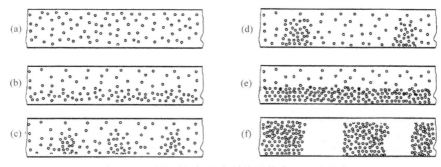

图 4-18 颗粒群物料在水平输料管中的运动状态

（a）悬浮流；（b）管底流；（c）疏密流；（d）停滞流；（e）部分流；（f）柱塞流

（1）悬浮流：输送气流速度较高，颗粒在气流中接近均匀分布状态，以完全悬浮状态输送，因而也称为均匀流，这是气力输送一种最理想的输送状态。在除尘风网中，管道内粉尘含尘浓度不高，而气流速度偏高，会出现均匀流输送状态。

（2）管底流：管道中气流速度不高，物料颗粒大部分集中在输料管的下侧。越接近管底区域物料颗粒分布越密，但没有出现停滞。物料颗粒一面做不规则的旋转和碰撞，一面被输送。

（3）疏密流：管道中气流速度降到某数值或者一定的气流输送速度下供料量继续增加时，就会出现颗粒在管道的长度方向上疏密不均现象，在物料密集区域一部分颗粒在管底滑动但没有停顿。疏密流是颗粒悬浮输送的临界状态，是一种不稳定的输送状态。

（4）停滞流：管道内气流速度低于某数值时，大部分颗粒失去悬浮能力沉降到管底。停滞在管底的颗粒在局部管段聚集在一起，使管道断面变狭窄。狭窄的断面又使得流经该处的气流速度增大，增大的气流速度又将停滞的颗粒吹走。颗粒就是这样在停滞聚集和吹走相互交替中处于不稳定输送状态。

（5）部分流：输送气流速度进一步减小时颗粒堆积于管底，气流在上部流动形成部分流。堆积于管底的物料上层表面，有部分颗粒在气流作用下做不规则移动，而且堆积的物料也会随着时间的变化做沙丘似的移动。

（6）柱塞流：气力速度很小，沉积到管底的物料层在局部管段已充满了输料管，形成的物料柱完全堵塞了管道，于是气流压力逐渐升高（风机有足够的压力、电动机功率允许等情况下），物料柱就在较高的空气压力的推动下移动，形成柱塞流或栓流。

柱塞流时，物料颗粒在管道中已完全失去了悬浮能力而形成物料柱，在这种状况下的输送常称为静压输送或栓流输送。其余五种输送状态是靠气流的动能输送的，常称为动能输送或悬浮输送。

2. 空气动力与物料运动轨迹

在垂直输料管中，空气动力对物料悬浮以及输送起着直接作用。空气动力与物料颗粒的重力在同一垂直线上，但方向相反，所以，只要物料颗粒的空气动力大于重力，物料便可实现气力输送。但由于物料处于紊流气流中，颗粒受到径向分力的作用，同时，颗粒本身的不规则形状、颗粒与颗粒之间、颗粒与管道内壁之间的碰撞和摩擦等引起的作用力和反作用力，以及颗粒旋转产生的马格努斯效应等，使颗粒受到除垂直方向力之外的水平分力的作用，最终导致在垂直输料管中物料以一种不规则的曲线上升运动。

在水平输料管中，物料颗粒的重力方向与水平气流方向相垂直，因此空气动力对颗粒的悬浮不起直接作用。但实际气力输送装置中，物料颗粒在水平管道中仍能被正常悬浮输送，因此，管道内存在着与物料运动方向垂直的力，这种力即物料悬浮的升力或浮力。一般认为在水平管道中，物料颗粒在受到水平方向的空气动力之外还受到了如下所述的几种升力作用。

（1）紊流的分速度：气力输送管道内气流流型为紊流，因而管道内水平气流速度在径向上的分速度会产生使物料悬浮的升力。

（2）颗粒上下表面之间的静压差力：输料管有效断面上空气流动存在速度梯度而引起的颗粒上下表面之间静压差所产生的升力。

在气流速度相同时，小管径的速度梯度大于大管径，所以小管径内气流的升力大。这也是为什么在大管径的输料管中更容易形成管底流原因。

（3）马格努斯效应引起的升力：由于空气的黏滞性，旋转颗粒周围的空气被带动，形成与颗粒旋转方向一致的环流。颗粒周围的环流与管内气流速度叠加使颗粒上部的气流速度增加、压力下降，而颗粒下部的气流速度降低、压力升高，因而颗粒上下的压力差使颗粒产生了升力的作用，这一现象通常称为马格努斯效应。

在气力输送中，以球形颗粒物料产生的马格努斯效应最为显著。例如，对水平管道输送大豆进行高速摄影，可以看出大豆每秒钟旋转数千转，根据研究结果，发现由马格努斯效应引起的升力可达大豆颗粒自身重力的几倍。

（4）由于颗粒形状不规则产生的推力在垂直方向的分力。

（5）由于颗粒之间或与管壁碰撞产生的跳跃，或受到反作用力的作用在垂直方向的分力。

这些力共同作用的结果，使得颗粒在水平气流中不断处于悬浮状态并呈悬浮状态输送。并且水平管道中的气流速度越大，颗粒悬浮的升力就越大，越有利于物料输送，但同时能量消耗也增大，因此物料颗粒在水平管道中的安全输送是需要消耗较高能量的，所以，设计气力输送装置时应尽可能选取最短的水平管段。同时可以知道，水平输料管道内物料的运动轨迹不是一条直线，而是颗粒悬浮和沉降交替出现的不规则曲线运动。

3. 输料管断面气流速度分布

纯空气管流时，有效断面上空气流动为紊流流型时气流速度的分布为对数曲线，在管道轴心线上速度具有最大值，而且速度分布对称于管道的轴心线。

在空气中混有物料流动时，即气力输送管道中，气流速度分布有很大的变化，在水平输料管中最大速度的位置移到了管道轴心线之上。

在水平管道中，由于颗粒的重力作用，越接近管底物料分布越密，因此，使管底的空气流动受到阻碍，速度也就减小。较低的气流速度又会导致颗粒的速度减小，最后影响到物料的输送，严重时，会出现物料在管底停滞而管道堵塞现象。

无论是在垂直输料管还是在水平输料管中，气流速度均呈紊流流型，而且管道中气流速度的分布总是管道中心区域速度大，管壁区域速度低，而气流中的物料总是存在由高速区向低速区运动的趋势。所以，选用输料管中气流速度时，应保证在气流速度分布较低区域，以不致造成颗粒停滞为基准，尤其在选用水平输料管输送风速时更是如此。

4. 气力输送的压损特性

物料颗粒在管道中呈悬浮状态输送时，总存在着颗粒间或与管壁之间的碰撞或摩擦，这样会使颗粒损失一部分从气流那里得到的能量，即气流具有的能量的一部分要消耗在颗粒与管壁的碰撞或摩擦上，而这部分能量损失是以气流压力损失的型式表现出来的。一般，气流速度越大，压力损失越显著；而气流速度减小时，颗粒又会产生停滞现象，加剧颗粒与管壁的摩擦，压力损失反而增大。

气力输送输料管内为空气和固体物料的混合物，在流体力学中称为气-固两相流。气-固两相流的压损特性与纯空气（单相流）流动的压损特性显著不同，气力输送两相流的压损特性曲线如图 4-19 所示。

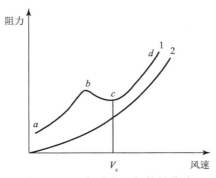

图 4-19 两相流的压损特性曲线

1. 两相流压损特性曲线；2. 单相流（空气）压损特性曲线

由图 4-19 可知，两相流的压损特性曲线可分为三个阶段。

（1）物料与气流的启动加速段。图 4-19 中的 $a\sim b$ 段。在这一阶段，由于刚喂入输料管的物料颗粒初速度较低或者基本接近于零，而正常的管道物料输送速度需要达到 16～20m/s 以上，因而物料喂入管道之后，物料与空气都有一个启动、加速的过程。而物料的启动、加速过程需要较高的能量，同时由于在该段空气与物料颗粒之间的相互作用引起的能量损失也较大，因此，在该段两相流的压损随气流速度的增加而急剧增加。

（2）物料的间断悬浮段。图 4-19 中的 $b\sim c$ 段。这一阶段表明，物料粒子由加速运动向悬浮运动过渡。颗粒本身的速度增大，从而使颗粒与颗粒之间、颗粒与管道内壁之间的碰撞和摩擦等引起的能量损失减少，这一能量损失的减小值超过了因使颗粒增速所引起的空气流动能量损失增大的程度，使得该段两相流的总压损随流速的增加而减小。

当流速增加到数值 V_c 时，物料颗粒达到完全悬浮状态，压损最小。

（3）物料的完全悬浮段。图 4-19 中的 $c\sim d$ 段。压损曲线的 $c\sim d$ 段表示物料颗粒完全处于悬浮状态，并被正常输送。在本阶段，物料颗粒均匀地悬浮在整个管道断面上，压损随流速的增大而增大。此时的压损特性曲线增大趋势与纯空气单相流的压损特性曲线基本一致。

两相流的压损除与输送气流速度有关外，还与物料的性质有关。容重大、具有尖角的不规则颗粒，压损也大。

对于容重和表面粗糙度大致相同的物料，其粒度分布越广，压损也就越大。颗粒大小不一时，其速度、碰撞次数、加速度等运动情况不一样。小粒径颗粒比大粒径颗粒更容易加速，所以，从后面追上来的小颗粒就更多，并且小粒径颗粒容易追过大粒径颗粒并和大粒径颗粒碰撞。所以，颗粒碰撞会损失一部分颗粒的动能。另外，大粒径颗粒后产生的旋涡也有可能将小粒径颗粒卷入，因此造成颗粒运动更为不规则，使压力损失增大。

4.3.3　输料管压损的理论计算

在研究气力输送输料管的压损计算时，一般认为物料的输送状态为完全悬浮、均匀输送状态，即将管道内的固体物料当作一种特殊的流体，而且它的流动符合流体力学的流动规律。

在输料管内，颗粒群的平均速度与空气的流动速度是不同的，一般颗粒群的平均速度小于空气的流动速度。

为了便于压损的理论计算，假设固体颗粒不占用管道的截面面积。

物料颗粒在输料管内随气流运动时，物料和空气流动的总压损包括加速压损、摩擦压损、悬移压损和局部压损四部分。

1. 加速压损

加速压损（$H_{加}$）主要用于对空气和物料的启动和加速，发生在输料管的加速段。假设物料喂入管道后和空气充分混合，而且初速度均为零，经过一段输送距离后，物料和空气分别达到最大速度。

根据功能原理，即物料和空气增加的动能等于所消耗的功，则

$$H_{加} A V_a = \frac{1}{2} m_s V_s^2 + \frac{1}{2} m_a V_a^2 \qquad （4-11）$$

$$\mu = \frac{m_s}{m_a} = \frac{m_s}{Q \rho_a} \qquad （4-12）$$

式中，μ——输送浓度，单位时间内通过输料管有效断面的物料质量与空气质量的比值，kg/kg；

m_s——输料管中物料质量流量，kg/s；

m_a——输料管中空气质量流量，kg/s；

Q——输料管中空气流量，m^3/s；

ρ_a——输料管中空气密度，kg/m^3。

根据式（4-12）得

$$m_s = \mu Q_a \rho_a = \mu A V_a \rho_a$$

又因为 $m_a = Q_a \rho_a = A V_a \rho_a$，式（4-11）可简化为

$$H_{加} = \frac{1}{2} \rho_a V_s^2 \mu + \frac{1}{2} \rho_a V_a^2$$

即

$$H_{加} = \frac{1}{2} \rho_a V_a^2 \left(1 + \mu \frac{V_s^2}{V_a^2} \right) \qquad （4-13）$$

令料气速度比

$$\frac{V_s}{V_a} = \beta$$

则

$$H_{加} = \frac{1}{2}\rho_a V_a^2 \left(1 + \beta\mu\right) \tag{4-14}$$

2. 摩擦压损

输料管中摩擦压损（$H_{摩}$）由两部分构成，即空气流动的摩擦压损和物料流动的摩擦压损。摩擦压损产生在管道的等速段。

空气流动的摩擦压损为

$$H_a = \frac{\lambda_a}{D} L \frac{1}{2} \rho_a V_a^2 \tag{4-15}$$

假设在管道断面和长度方向上物料均匀分布，则物料流动的摩擦压损为

$$H_s = \frac{\lambda_s}{D} L \frac{1}{2} \rho_s V_s^2 \tag{4-16}$$

式中，ρ_s——管道中物料颗粒的密度。

因为

$$\rho_s = \frac{m_s}{Q_s} = \frac{m_s}{A V_s}$$

所以，根据式（4-11）、式（4-15）、式（4-16）和式（4-21），化简后得

$$H_{摩} = \frac{\lambda_a}{D} L \frac{1}{2} \rho_a V_a^2 \left(1 + \frac{\lambda_s}{\lambda_a} \frac{V_s}{V_a} \mu\right) \tag{4-17}$$

令

$$\frac{\lambda_s}{\lambda_a} \frac{V_s}{V_a} = K$$

则

$$H_{摩} = \frac{\lambda_a}{D} L \frac{1}{2} \rho_a V_a^2 \left(1 + K\mu\right) \tag{4-18}$$

式（4-23）中，$1 + K\mu$——压损比。

3. 悬移压损

悬移压损（$H_{升}$）指物料和空气在垂直输料管内的悬浮和提升所消耗的能量。

长度为 L 的一段管道，其内部物料的质量为 $\dfrac{m_{\mathrm{s}}}{V_{\mathrm{s}}}L$，则使物料悬浮所消耗的能量 H_{f} 为

$$H_{\mathrm{f}} = \frac{m_{\mathrm{s}}}{V_{\mathrm{s}}} L \frac{dL}{dt} = \frac{m_{\mathrm{s}}}{V_{\mathrm{s}}} L V_{\mathrm{f}} \tag{4-19}$$

使物料提升一定高度所消耗的能量 H_{s} 为

$$H_{\mathrm{s}} = m_{\mathrm{s}} L \sin\theta \tag{4-20}$$

式中，θ——输料管的倾角。

单位体积流量所提供的悬移压损 $H_{\text{升}}$ 为

$$H_{\text{升}} = \frac{1}{Q}\left(\frac{m_{\mathrm{s}}}{V_{\mathrm{s}}} L V_{\mathrm{f}} + m_{\mathrm{s}} L \sin\theta \right) \tag{4-21}$$

化简后得

$$H_{\text{升}} = \mu \gamma_{\mathrm{a}} L \frac{1}{V_{\mathrm{s}}}\left(V_{\mathrm{f}} + V_{\mathrm{s}} \sin\theta \right) \tag{4-22}$$

对于垂直输料管，$\theta = 90°$，$\sin\theta = 1$，则式（4-22）可变为

$$H_{\text{升}} = \mu \gamma_{\mathrm{a}} L \frac{1}{V_{\mathrm{s}}}\left(V_{\mathrm{f}} + V_{\mathrm{s}} \right) \tag{4-23}$$

4. 局部压损

管道中气固两相流的局部压损 $H_{\text{局}}$ 为

$$H_{\text{局}} = H_{\mathrm{ja}} + H_{\mathrm{js}} \tag{4-24}$$

即

$$H_{\text{局}} = \zeta_{\mathrm{a}} \frac{1}{2} \rho_{\mathrm{a}} V_{\mathrm{a}}^2 + \zeta_{\mathrm{s}} \frac{1}{2} \rho_{\mathrm{s}} V_{\mathrm{s}}^2 \tag{4-25}$$

化简后得

$$H_{\text{局}} = \zeta_{\mathrm{a}} \frac{1}{2} \rho_{\mathrm{a}} V_{\mathrm{a}}^2 \left(1 + \frac{\zeta_{\mathrm{s}}}{\zeta_{\mathrm{a}}} \frac{V_{\mathrm{s}}^2}{V_{\mathrm{a}}^2} \mu \right) \tag{4-26}$$

令 $K_{局} = \dfrac{\zeta_s}{\zeta_a}\dfrac{V_s^2}{V_a^2}$ ，称为局部构件阻力的附加系数，则式（4-26）为

$$H_{局} = \zeta_a \frac{1}{2}\rho_a V_a^2 \left(1 + K_{局}\mu\right) \qquad （4\text{-}27）$$

气力输送输料管道上的局部构件主要有接料器、弯头、变形管和卸料器等，计算它们的阻力时，分别代入各自的阻力系数即可。表 4-1 为弯头阻力的附加系数。

表 4-1　弯头阻力的附加系数

弯头（90°）的布置型式	$K_{弯}$
垂直向下转水平	1.0
垂直向上转水平	1.6
水平转向水平	1.5
水平转向垂直向上	2.2
水平转向垂直向上（粉料）	0.7

4.4　气力输送系统压损的计算方法

气力输送系统压损（阻力）计算的目的是通过系统合理的阻力计算过程，选择出输料管中合适的输送风速，确定出输料管的管径，选出卸料器、除尘器、风机，保证多管气力吸运系统的每根输料管阻力平衡，以及辅助确定构件尺寸等。

4.4.1　低真空吸运系统的压损计算

气力吸运输送装置根据工作压力的高低分为低真空气力吸运和高真空气力吸运两种，本部分先介绍低真空气力吸运系统的压损计算。

低真空气力吸运系统压损计算的特点是将低真空气力输送系统中的空气按不可压缩空气计算。粮食加工厂的负压气力输送多属于低真空气力输送。

参见图 4-1，从空气携带物料进入输料管开始到卸料器（含卸料器）的部分，是气力输送系统中输送物料的部分，这一部分产生的压力损失，称为输送物料部分压损；而卸料器之后的管网部分，物料已被卸料器卸掉，主要作用是对卸料器卸过物料之后的空气进行净化，这部分压力损失称为尾气净化部分压损或辅助部分压损。即

$$\Sigma H = H_1 + H_2 \qquad （4\text{-}28）$$

式中，$\sum H$——气力吸运系统的总压损；

H_1——输送物料部分压损；

H_2——尾气净化部分压损。

因此，低真空气力吸运系统的压损计算常划分为输送物料部分压损 H_1 的计算和尾气净化部分压损 H_2 的计算两部分。

1. 输送物料部分压损 H_1 的计算

输送物料部分的压损由机器设备压损（$H_机$）、接料器压损（$H_接$）、加速物料压损（$H_加$）、提升物料压损（$H_升$）、摩擦压损（$H_摩$）、弯头压损（$H_弯$）、弯头后的恢复压损（$H_复$）和卸料器压损（$H_卸$）八部分构成。

1）机器设备压损

$$H_机 = 9.81 \varepsilon Q^2 \ (\text{Pa}) \tag{4-29}$$

式中，ε——工艺设备的吸风阻力系数；

Q——通过工艺设备的风量，m^3/s。

在小麦加工厂制粉车间气力输送提升物料时，输料管中的一部分空气来自磨粉机。通过磨粉机的空气可以对磨粉机进行除湿、降温，有利于磨粉机具有良好的研磨性能。工艺设备通过的风量较少时，此项压损可以估计或忽略不计。

2）接料器压损

$$H = \zeta \frac{u_a^2}{2g} \gamma_a \ (\text{Pa}) \tag{4-30}$$

式中，ζ——接料器阻力系数；

γ_a——空气重度，N/m^3；

u_a——输料管中的空气速度，m/s。

3）加速物料压损

物料通过供料器进入输料管起始段时，具有较低的初速度，物料被气流加速到正常输送速度的压损即加速物料压损。

$$H_加 = 9.81 i G_算 \ (\text{Pa}) \tag{4-31}$$

式中，i——加速每吨物料的压损（可通过本书附录十三查出），$(\text{kg/m}^2)/\text{t}$；

$G_算$——计算物料量，t/h。

加速每吨物料的压损 i 值与物料的性质有关。一般物料的性质可分为三种：谷物原粮、粗物料和细物料。谷物原粮一般指还未加工过的粮食，如小麦、稻谷等；粗物料在面粉加工厂指小麦制粉中的 1 皮、2 皮和 1 心等物料或者其他大粒径物料；细物料为谷物原粮和粗物料以外的物料。物料性质的粗细要根据物料的实际加工程度确定，具有相对性。

4）提升物料压损

$$H_{\text{升}} = \gamma_{\text{a}} \mu S \text{（Pa）} \tag{4-32}$$

式中，μ——输送浓度，kg/kg；

　　　S——物料的垂直提升高度，m；

　　　γ_{a}——空气重度（一般取 $\gamma_{\text{a}} = 11.77$），N/m³。

5）摩擦压损

$$H_{\text{摩}} = 9.81RL\left(1 + K\mu\right) \text{（Pa）} \tag{4-33}$$

式中，R——纯空气通过每米管道的摩擦阻力（附录十三），（kg/m²）/m；

　　　L——输料管的长度（包括弯头的展开长度），m；

　　　K——阻力系数，K 值与物料的性质有关，见附录十三。物料为水平输送时，按式（4-34）、式（4-35）和式（4-36）计算 K 值。

对于谷物原粮：

$$K_{\text{谷}} = \frac{0.15D}{u_{\text{a}}^{1.25}} \tag{4-34}$$

对于粗物料：

$$K_{\text{粗}} = \frac{0.135D}{u_{\text{a}}^{1.25}} \tag{4-35}$$

对于细物料：

$$K_{\text{细}} = \frac{0.11D}{u_{\text{a}}^{1.25}} \tag{4-36}$$

式中，D——输料管直径，m。

6）弯头压损

$$H_{\text{弯}} = \zeta_{\text{弯}} \frac{u_{\text{a}}^2}{2g} \gamma_{\text{a}} \left(1 + \mu\right) \text{（Pa）} \tag{4-37}$$

式中，$\zeta_{\text{弯}}$——纯空气通过弯头的局部阻力系数，见附录三。

空气和物料在通过弯头时，由于惯性力的作用，具有偏向外侧运动的特点。弯头的压力损失是纯空气经过弯头产生的压损和物料与管壁的碰撞、摩擦引起的压损叠加而成的。气流的速度以及物料颗粒的形状、粒径和研磨性等均对弯头有影响。实验表明,当弯头的转角一定时,弯头阻力系数的大小只取决于弯头的曲率半径的大小。在气力输送装置中,为了减少弯头的压力损失和弯头的磨损,一般曲率半径取输料管直径的 6～10 倍。

7)恢复压损

输料管中,物料和空气的混合物经过弯头后,由于和弯头的碰撞、摩擦,物料损失了一部分能量因而降低了运动速度。为了保证物料在弯头之后仍能正常输送,物料和空气的混合物经过弯头之后仍需要一次加速,从而使物料的运动速度重新恢复到弯头前的运动状态。

当物料通过弯头,其运动方向是垂直向上转水平时,恢复压损 $H_{复}$ 为

$$H_{复} = C\delta H_{加} \ (\mathrm{Pa}) \tag{4-38}$$

式中,C——弯头后水平管长度系数,见表 4-2;

δ——输送量系数,见表 4-3。

表 4-2 弯头后水平管长度系数 C 值

弯头后水平管长度/m	1	2	3	4	5
C	0.7	1	1.25	1.4	1.5

表 4-3 输送量系数 δ 值

输送量/(t/h)	0.5 以下	1.0 以下	2.0 以下	3.0 以下	5.0 以下	5.0 以上
δ	0.5	0.35	0.25	0.15	0.1	0.07

当物料通过弯头,其运动方向是水平转向垂直向上时,恢复压损 $H_{复}$ 为

$$H_{复} = 2\delta H_{加} \ (\mathrm{Pa}) \tag{4-39}$$

8)卸料器压损

卸料器有几种类型,应按照不同类型的卸料器分别计算其压损。例如,离心式卸料器,可通过其性能表(附录八)选出型号、规格,确定其阻力。

卸料器压损的一般表达式为

$$H_{卸} = \zeta_{卸} \frac{u_{\mathrm{j}}^{2}}{2g} \gamma_{\mathrm{a}} \ (\mathrm{Pa}) \tag{4-40}$$

式中,$\zeta_{卸}$——卸料器阻力系数;

u_j——卸料器进口风速，m/s。

所以，输送物料部分压损 H_1 为

$$H_1 = H_机 + H_接 + H_加 + H_升 + H_摩 + H_弯 + H_复 + H_卸 \qquad （4-41）$$

2. 尾气净化部分压损 H_2 的计算

物料和空气的混合物经过卸料器的分离之后，物料从气流中分离出来，由于卸料器的分离效率不是 100%，因此卸过物料之后的空气仍含有一定浓度的微细粒径物料或粉尘。通常将气力输送装置中卸过物料之后的这部分管网称为尾气净化部分。

尾气净化部分一般由汇集风管、通风连接管道和除尘器等三部分构成，所以，尾气净化部分的总压损 H_2 为

$$H_2 = H_汇 + H_管 + H_除 \qquad （4-42）$$

式中，$H_汇$——汇集风管的压损，参照第 1 章有关汇集风管的内容进行阻力计算；

　　　$H_管$——连接管道的压损，按照除尘风网阻力计算的方法计算；

　　　$H_除$——除尘器的压损，根据选择的除尘器确定其压损。

（1）尾气净化部分压损 H_2 的计算方法，一般按照除尘风网阻力计算并累加包括除尘器的阻力的方法进行。

首先根据气力输送输料管的风量计算尾气净化部分通风管道内的风量，再依据尾气中粉尘的性质等因素选择合适的风速，由此查本书附录二得到管道的管径、阻力系数等，沿程摩阻和局部阻力即可计算出来。如此反复计算，最后累加包括除尘器的阻力即得到尾气净化部分压损 H_2。

（2）估算。在气力输送装置中，汇集风管和连接管道的压损占系统总压损的比例很低，也可估算。估算时，管道部分的总阻力近似取 300～500Pa。

除尘器的压损可由所选择除尘器的性能参数查得或按局部阻力公式计算。

估算方法简便快速，很快就能计算出 H_2，方便选择风机及其电动机。但尾气净化部分通风管道的直径大小、弯头等附件的结构、尺寸等不容易直接得到，给制作、选择带来麻烦。

3. 低真空吸运输料管系统的阻力平衡

在由多根输料管组成的气力吸运系统中，各输料管处于并联状况，所以各输料管必须进行阻力平衡，否则，管网系统气流会自动进行阻力平衡，这可能导致阻力较大的输料管风量下降，风速降低；而阻力较小的输料管风量上升，风速增大，使实际中运行的气力吸运系统各参数偏离设计要求，严重影响气力输送的正

常运行，如输料管的产量降低、掉料等。

在进行气力输送设计计算时，每根输料管的阻力是分别计算的，那么在进行阻力计算时，应尽量使每根输料管的输送物料部分压损 H_1 相等。一般相邻两根输料管的输送物料压损 H_1 的不平衡率不超过 5%，可认为两输料管已处于阻力平衡。

在进行多根输料管组成的气力吸运系统中输料管的输送物料部分压损 H_1 阻力平衡时，只进行阻力平衡，阻力平衡即可，H_1 不累加。在计算系统总压损失 $\sum H$ 时，一般选择其中数值较大的一个。

输送物料压损 H_1 的阻力平衡，常用的阻力平衡方法有：调整输料管的输送风速，重新进行阻力计算，直到阻力平衡；调整输料管内的输送浓度，或在两输料管输送物料压损 H_1 的差距不是很大时，通过调节卸料器阻力大小来实现阻力平衡。实际进行阻力平衡计算时，往往要通过反复多次地计算、比较才能达到阻力平衡。

在气力输送装置中，每根输料管上卸料器之后的排风口管道上（靠近卸料器），一般都安装调节阀门，目的是在气力输送实际运行时，方便进行现场阻力平衡的调节。

低真空气力吸送系统总压损的计算公式见表 4-4。

表 4-4　低压吸送式气力输送的压损计算

压损项目		代号	计算公式（单位：Pa）	备注
输送物料部分压损 H_1	1　机器设备压损	$H_{机}$	$H_{机} = 9.81\varepsilon Q^2$	输料管中的空气来自机器设备时，需计算机器设备压损，否则可忽略
	2　接料器压损	$H_{接}$	$H_{接} = \zeta \dfrac{u_a^2}{2g}\gamma_a$	诱导式接料器：$\zeta = 0.7$ 吸嘴：$\zeta = 1.5 \sim 1.8$
	3　加速物料压损	$H_{加}$	$H_{加} = 9.81iG_{算}$	i——（kg/m²）/t，见附录十三 $G_{算}$——计算物料量，t/h
	4　提升物料压损	$H_{升}$	$H_{升} = \gamma_a \mu S$	γ_a——空气重度，N/m³ S——垂直提升高度，m
	5　摩擦压损	$H_{摩}$	$H_{摩} = 9.81RL(1 + K\mu)$	R——（kg/m²）/m，见附录十三 L——输料管的长度，m K——阻力系数，见附录十三
	6　弯头压损	$H_{弯}$	$H_{弯} = \zeta_{弯} \dfrac{u_a^2}{2g}\gamma_a(1 + \mu)$	弯头曲率半径 =（6～10）D
	7　恢复压损	$H_{复}$	$H_{复} = C\delta H_{加}$ 或 $H_{复} = 2\delta H_{加}$	C—水平管长度系数，见表 4-4 δ——输送量系数，见表 4-5

压损项目		代号	计算公式（单位：Pa）	备注
输送物料部分压损 H_1	8 卸料器压损	$H_卸$	$H_卸 = \zeta_卸 \dfrac{u_j^2}{2g}\gamma_a$	选择离心式卸料器时，可从附录八直接查出，其他型式的卸料器可按此式计算
	$H_1 = H_机 + H_接 + H_加 + H_升 + H_摩 + H_弯 + H_复 + H_卸$			多输料管系统时，每根输料管的 H_1 必须阻力平衡，要求任意两根输料管的 H_1 不平衡率不超过 5%
尾气净化部分压损 H_2	1 汇集风管压损	$H_汇$	$H_汇 = 2R_\lambda L$	汇集风管和连接管道的压损计算有两种方法：按照除尘风网方法计算阻力估算，在 300～500Pa 之间选取
	2 连接管道压损	$H_管$	$H_管 = H_m + H_j$	
	3 除尘器压损	$H_除$	—	按照选择的除尘器型号规格确定除尘器压损
	$H_2 = H_汇 + H_管 + H_除$			—
系统总压损		ΣH	$\Sigma H = H_1 + H_2$	多输料管系统时，在所有的 H_1 中选取最大的一个数值与 H_2 相加计算系统总压损

4. 低真空气力吸运系统总压损、总风量的计算

低真空气力吸运系统总压损为输送物料部分压损和尾气净化部分压损之和，即

$$\Sigma H = H_1 + H_2 \tag{4-43}$$

低真空气力吸运系统总风量为每根输料管风量之和，即

$$\Sigma Q = Q_1 + Q_2 + \cdots + Q_n \tag{4-44}$$

式中，ΣQ——低真空气力吸运系统总风量；

Q_1——第 1 根输料管风量；

Q_n——第 n 根输料管风量。

5. 风机参数的计算和选择风机、电动机、计算风机参数

$$H_{风机} = (1.0\sim1.2)\Sigma H \tag{4-45}$$

$$Q_{风机} = (1.0\sim1.2)\Sigma Q \tag{4-46}$$

根据计算出的风机参数 $H_{风机}$ 和 $Q_{风机}$ 查阅风机性能曲线或者性能表格，选择适合气力输送装置要求的风机、电动机。

4.4.2　气力压运输送系统压损计算

气力压运输送技术在我国面粉厂的应用开始于 20 世纪 80 年代中期引进国外制粉技术和设备。对于气力压运系统的压损计算，目前还没有可以普遍适应的公式，大多是在一定条件下通过试验数据或经验等归纳出的计算式。本部分介绍一种气力压运系统的压损计算方法，仅供参考。

本方法适用于气力压运输送系统的压损在 40～80kPa 的低压压送装置，即采用饱和风量系数和单位功率因数进行设计计算。

1. 主要参数饱和风量系数和单位功率因数的确定

根据输送物料的种类和输送距离由表4-5确定饱和风量系数和单位功率因数。

表 4-5　低压压送装置的饱和风量系数 $K_{饱}$ 和单位功率因数 $K_{功}$

物料名称	堆积密度/（kg/m³）	压力系数 $K_{压}$	输送距离/m						风速（m/s）
			30		75		120		
			$K_{饱}$	$K_{功}$	$K_{饱}$	$K_{功}$	$K_{饱}$	$K_{功}$	
玉米粒	720	2.66	0.056	1.21	0.068	1.78	0.081	2.11	16.8
面粉	640	1.33	0.043	1.46	0.056	1.78	0.068	2.19	11
粗玉米粉	528	1.86	0.05	1.21	0.081	1.94	0.10	2.35	21.3
小麦	768	2.66	0.056	1.21	0.068	1.70	0.081	2.11	16.8
麦芽	448	2.66	0.05	1.21	0.068	1.62	0.081	2.02	16.8
软饲料	320～640	2.02	0.081	2.02	0.106	2.51	0.119	3.00	21.3

2. 计算标准状态下的输送风量和输送浓度

$$Q_{标} = GK_{饱} \tag{4-47}$$

$$\mu = \frac{G}{1.2Q_{标}} \tag{4-48}$$

式中，$Q_{标}$——标准状态下的输送风量，m³/min；

　　　G——输送量，kg/min；

　　　μ——输送浓度，kg/kg。

3. 确定操作表压

由表 4-5 查得的饱和风量系数、单位功率因数和压力系数计算操作表压：

$$p_压 = \frac{K_功}{K_饱} K_压 \qquad (4\text{-}49)$$

式中，$p_压$——操作表压，kPa。

4. 计算供料器处的输送风量

表 4-5 中的风速是按供料器处的管内风量计算的，所以应将标准状态下的输送风量换算到供料器处压缩状态的输送风量。

$$Q_供 = \frac{101.3 Q_标}{101.3 + p_压} \qquad (4\text{-}50)$$

式中，$Q_供$——供料器处压缩状态下的输送风量，m^3/min。

5. 计算输料管直径

计算管道直径系数 c：

$$c = \frac{Q_供}{v} \qquad (4\text{-}51)$$

式中，v——表 45 中的风速，m/s。

根据计算出的管道直径系数 c，通过表 4-6 选择管道直径，以 80mm、100mm、125mm、150mm 规格为主。

表 4-6 管道直径系数

系列号	管径/mm						
	管道直径系数 c						
	80	90	100	125	150	175	200
5	0.334	0.446	0.567	0.873	0.254	—	2.155
10	0.325	0.427	0.548	0.855	1.226	—	2.11
30	—	—	—	—	—	—	1.98
40	0.285	0.376	0.492	0.780	1.115	1.486	—

注：表中系列号实际为管道的壁厚。

也可用式（4-52）计算：

$$D_内 = \sqrt{\frac{4Q_供}{60\pi v}} \qquad (4\text{-}52)$$

式中，$D_内$——输料管内径，m。

6. 计算供料器处压缩空气的漏风量

在计算风机风量时，要把供料器的漏风量计算在内。
叶轮型供料器的漏风量：

$$Q'_漏 = 1.3 i_供 n_供 \qquad （4-53）$$

式中，$Q'_漏$——叶轮型供料器在操作表压状态下的压缩空气漏风量，m^3/min；
　　　$i_供$——叶轮型供料器的有效容积，m^3/r；
　　　$n_供$——叶轮型供料器的转速，r/min。

7. 计算供料器的漏风量

将供料器处压缩空气的漏风量换算到风机进口标准状态下的漏风量：

$$Q_漏 = Q'_漏 \times \frac{101.3 + p_压}{101.3} \qquad （4-54）$$

式中，$Q_漏$——标准状态下的供料器漏风量，m^3/min。

8. 计算风机进风口风量

$$Q_机 = Q_标 + Q_漏 \qquad （4-55）$$

式中，$Q_机$——标准状态下风机进风口的风量，m^3/min。

9. 选择风机计算风机参数：

$$p_{风机} = (1.0 \sim 1.2) p_压 \qquad （4-56）$$

$$Q_{风机} = (1.0 \sim 1.2) Q_机 \qquad （4-57）$$

由参数 $p_{风机}$ 和 $Q_{风机}$ 选择风机和计算电动机功率。

4.5　气力输送系统的设计与计算举例

4.5.1　设计的依据和要求

气力输送风网设计的任务是：根据规定的条件，确定风网的组合型式以及各输料管和风运设备的规格尺寸，计算风网所需要的风量和压力损失，从而正确选用合适的风机和电动机，制订合理的操作规程，以保证风网经济可靠地工作。

1. 设计依据

在设计之前，应深入调查研究，分析下述几方面的资料，作为设计的依据。

①了解生产规模及工作制度，以便确定所需输送的物料量及工作时间。

②了解需输送的物料的性质，以便根据不同的输送对象，选择合适的气力输送型式与设备，满足工艺生产的要求。

③了解厂房结构型式以及仓库和附属车间的结构情况。这些都与气力输送设备的选择、安装及管网布置有关。

④熟悉工艺流程及设备布置情况，以便确定输料管的数量和各自的输料量，以及所需提升物料的道数和各道物料的性质，从而合理地组合风网，并选择适宜的输送参数。

⑤了解所采用设备的规格及性能。

⑥明确技术经济指标和环境保护要求。

⑦调查操作管理条件和技术措施的可能性。

⑧了解远景发展规划。

2. 设计要求

在粮油饲料加工厂中，气力输送是为工艺服务的，但其本身也直接或间接地担负着一定的工艺任务，所以一方面气力输送设计要尽量满足工艺的要求；另一方面，工艺上的安排也应该考虑气力输送的合理性，进行必要的调整，使各自更好地发挥作用，并最终取得良好的工艺效果。为此，在设计工艺时，应结合具体情况，在保证成品质量的前提下，简化流程，使用工艺先进、生产效率高且功能多的先进设备，可以减少所需设备的数量、降低物料提升次数和总提升量，进而有效降低气力输送过程中的电耗。

要保证主流流量的稳定和连续。要尽量考虑气流的综合利用，使气流在输送物料的同时，能完成一部分除尘、清理、分级和冷却等作用，达到一风多用。

在设备布置上，要求在不妨碍操作的前提下，做到整齐紧凑，以利于缩短提升高度。要尽量避免输料管的弯曲和水平放置。要让卸料器放置在厂房顶层的最高处，让接料器放置在底层的最低处，以充分利用高度空间，这是减少提升次数的重要措施之一。同时，为了缩短连接风管，风机和除尘器应布置在车间的顶层。

3. 设计步骤

在进行气力输送系统的设计时，应首先从气力输送装置的使用方了解有关物料输送的各种信息、要求和条件等，然后在综合各种条件、工艺要求后，进行气力输送系统的设计。气力输送系统的设计步骤归纳如下。

（1）收集各种原始资料。气力输送作为一种输送方式，是为生产工艺服务的。所以，在设计气力输送之前，应熟知工艺流程及其要求，工艺设备的平面布置图、立面图、建筑图等。

（2）了解物料的物理特性和当地空气状态参数，如物料的粒径分布、形状、悬浮速度、研磨性、流动性、堆积密度、破损性等；空气的密度、重度、温度、湿度等。

（3）确定物料的输送次数、输送产量和输送距离。了解原料的来源及方式，根据工艺要求确定物料的输送次数；了解每次输送的输送产量及产量的波动程度，确定输送距离及路线等。

（4）了解气力输送装置的环境情况，如安装地点情况及要求、气力输送装置与其他设备的配合、供电条件、自动化程度、噪声控制和粉尘控制等的要求。

（5）确定气力输送装置的类型。根据了解的资料确定气力输送装置的类型：气力吸运输送方式、气力压运输送方式或是吸-压混合输送方式。如果选择气力吸运输送方式，则要确定气力吸运输料管的根数，若输料管根数较多时，还需对气力吸运进行分组，分成两组或多组；如果选择气力压运输送方式，也要确定气力压运的组数等。

（6）确定气力输送管网的走向、设备的位置等要求管道布置横平竖直，输料管为最短距离的布置，而且整齐、经济、美观。

（7）画气力输送系统的轴测图，并标注主要参数按照三维坐标走向画出管网和设备，并且在三维坐标上绘图比例相同，这样绘出的管网即为轴测图。

（8）进行气力输送装置的压损计算选出输料管的合适输送风速，确定输料管的管径，选择出卸料器、除尘器、风机以及辅助构件等。

（9）画施工图。

总之，在设计气力输送装置时，在满足输送产量以及输送工艺的前提下，应尽量做到功耗低、操作方便、噪声低、粉尘排放符合环保要求等。

4.5.2　气力输送系统的主要参数

气力输送系统的主要参数指计算物料量、输送浓度和输送气流速度等。这些参数的合理选择和确定，对气力输送装置的设计计算、是否经济可靠等具有重要意义。

1. 计算物料量

在进行气力输送的设计计算时，必须考虑气力输送装置运行时产量的波动性对系统的影响,即所设计的气力输送装置能够满足最大输送量。计算物料量($G_{算}$)就是在按工艺要求的平均输送产量基础上再增加一定的余量而得到的。

$$G_{算} = KaG （t/h）\tag{4-58}$$

式中, G——输料管的实际平均产量,t/h;

K——远景发展系数, $K = 1.0 \sim 1.2$ （无特别说明一般取 $K = 1.0$ ）;

a——安全系数, $a = 1.0 \sim 1.2$ 。

安全系数是考虑工艺、操作以及物料等因素变化可能引起输送量变化而在实际输送量的基础上又增加了 0%~20%余量的一个系数。如果单纯追求安全输送而选取较大的安全系数,将会造成设备庞大、增加投资和动力消耗高。

面粉厂气力输送的安全系数一般在 1.00~1.20 之间,见表4-7。

表 4-7   面粉厂气力输送储备系数

物料名称	小麦输送	1B	2B	3B、4B	心磨、渣磨	面粉
a	1.1~1.2	1.00~1.05	1.10~1.15	1.2	1.15~1.20	1.1

注:表中 1B、2B、3B 和 4B 分别表示面粉生产工艺流程中不同制粉阶段物料的特定标识。

2. 输送浓度

为了表示管道内物料量的多少,气力输送中一般用输送浓度表示。输送浓度（ μ ）也称为混合比。

输送浓度大,即单位质量空气输送更多的物料,有利于增大输送能力。这时压力损失将增加,但所需的空气量将减小,因而输送所需的功率也将减少。同时,输料管管径、分离器、除尘器设备等的尺寸也会减小。但是输送浓度选取的过大,易造成输料管物料不稳定,造成堵塞、掉料,而且使用的空气量较少,影响设备和物料的冷却。

输送浓度的选取取决于气力输送装置的类型、输料管的布置、物料的性质和风机的类型等。

在面粉厂制粉车间,气力输送装置的输送浓度一般在 4.0kg/kg 以下。对于吸粮机等一些输送原粮的气力输送装置,如果选用罗茨鼓风机作为气源设备时,可以选取较高的输送浓度,但一般也不超过 40kg/kg;如果选用高压离心通风机作为气源设备时,一般选取较低的输送浓度。

有时,输送浓度还可用体积浓度和实际浓度表示。

输料管中单位时间内固体物料的密实体积流量与空气的体积流量之比,称为体积浓度。

输料管中单位长度内固体物料的质量与空气的质量之比，称为实际浓度。

3. 输送风速

输送风速（u_a）是气力输送装置设计的重要参数。选择的输送风速是否合适关系到气力输送系统物料输送的稳定性和经济性能高低。输送风速过低易造成输送不稳定、不安全，如脉动输送、掉料甚至堵塞管道等；输送风速过高，容易实现完全悬浮输送，但过高的风速反而使流动阻力增加过快，能耗增大，而且管道磨损快、破碎率高，输送产量也会有所下降。

输送气流速度往往由物料的悬浮速度结合经验确定。通常，对于粒度均匀物料，输送风速为其悬浮速度的 1.5～2.5 倍；对于粒度分布不均匀的物料，以粒度分布中所占比例最大的物料悬浮速度为准选取输送风速；对于粉状物料，为避免黏结管道和发生管道堵塞，输送风速取悬浮速度的 5～10 倍。对于粮食加工厂的常见物料，一般输送风速 $u_a \geqslant 18\text{m/s}$。可根据式（4-59）计算输送风速：

$$u_a = a\sqrt{\rho_s g} + \beta L \qquad (4\text{-}59)$$

式中，a——输送物料粒度系数，见表 4-8；

　　　ρ_s——物料密度，kg/m^3；

　　　g——重力加速度，$g = 9.81\text{m/s}^2$；

　　　β——输送物料的特性系数，$\beta = (2\sim5) \times 10^{-5}$，干燥的粉状物料取小值；

　　　L——输送距离，当输送距离 L 为 100m，式（4-59）中 βL 可忽略不计。

表 4-8　输送物料粒度系数 a

物料品种	颗粒大小/mm	a 值	物料品种	颗粒大小/mm	a 值
粉状	0～1	10～16	细块状	10～20	20～22
				20～40	
均质粒状	1～10	16～20	中块状	40～80	22～25

4.5.3　低真空气力输送系统的压损计算举例

以小麦加工厂粉间气力输送风网为例。某面粉厂粉间，采用气力吸运提升物料，表 4-9 为经过设计步骤得到的其中一组风网的已知条件，风网轴测图如图 4-20 所示。

表 4-9 粉间气力输送风网已知条件

输料管号	物料性质	实际产量 /(t/h)	a	计算物料量/(t/h)	提升高度 S/m	输料管长度 L/m	备注
No.1	粗	3.4	1.06	3.6	18	21	
No.2	粗	3.4	1.06	3.6	18	21	
No.3	粗	2.85	1.05	3.0	18	21	1.采用诱导式接料器
No.4	粗	2.85	1.05	3.0	18	21	2.下旋55型卸料器
No.5	粗	2.05	1.05	2.15	18	21	3.弯头曲率半径均取
No.6	粗	2.05	1.05	2.15	18	21	$R = 10D$
No.7	粗	1.7	1.05	1.785	18	21	4.弯头后水平管长度
No.8	粗	1.7	1.05	1.785	18	21	2m
No.9	粗	1.7	1.05	1.785	18	21	
No.10	粗	1.7	1.05	1.785	18	21	

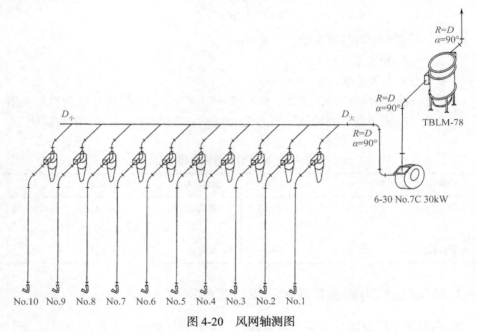

图 4-20 风网轴测图

由表 4-9 可知，此气力输送风网共有 10 根输料管，其中有些输料管的输送产量是相同的。由于是在同一车间、同一风网内，而且输送产量相同，输料管长度、输送高度也相同，因此产量相同的输料管，其输送物料部分压损 H_1 的计算只计算一次即可。

粉间气力输送风网压损计算步骤如下。

1. 输送物料压损 H_1 的计算

1）No.1、No.2 输料管

（1）主要参数的确定：

a. 计算物料量：$G_算 = 3.6\text{t/h}$；

b. 选输送风速：$u_a = 21\text{m/s}$；

c. 选输送浓度：$\mu = 2.6\text{kg/kg}$；

d. 计算输料管管径 D：根据计算物料量 $G_算$ 和输送浓度 μ，计算输料管风量 Q。

$$\mu = \frac{m_s}{m_a} = \frac{m_s}{Q\rho_a}$$

$$Q = \frac{m_s}{\rho_a \mu} = \frac{3600}{1.2 \times 2.6} = 1154 \ (\text{m}^3/\text{h})$$

式中，$m_s = G_算 \times 1000 = 3600$（kg/h）；空气的密度 $\rho_a = 1.2\text{kg/m}^3$。

根据附录十三气力输送计算表：在输送风速 $u_a = 21\text{m/s}$ 这一行，只有风量 $Q = 1163\text{m}^3/\text{h}$ 最接近计算风量，所以选择：

$$D = 140\text{mm}，R = 3.24，K_粗 = 0.418，i_{谷粗} = 35.0，H_d = 27.0 \times 9.81\text{Pa}$$

因此，真实浓度为

$$\mu = \frac{m_s}{\rho_a Q} = \frac{3600}{1.2 \times 1163} = 2.58\text{kg/kg}$$

（2）阻力计算：

a. 磨粉机压损（$H_机$）：估算，取 $H_机 = 80\text{Pa}$

b. 接料器压损（$H_接$）：

$$H_接 = \zeta \frac{u_a^2}{2g} \gamma_a = 0.7 \times 27.0 \times 9.81 = 185.4 \ (\text{Pa})$$

式中，诱导式接料器的阻力系数 $\zeta = 0.7$。

c. 加速物料压损（$H_加$）：

$$H_加 = 9.81 i G_算 = 9.81 \times 35.0 \times 3.6 = 1236.1 \ (\text{Pa})$$

d. 提升物料压损（$H_{升}$）:

$$H_{升} = \gamma_a \mu S = 11.77 \times 2.58 \times 18 = 546.6（Pa）$$

式中，空气的重度 $\gamma_a = 11.77\text{N/m}^3$。

e. 摩擦压损（$H_{摩}$）:

$$H_{摩} = 9.81RL（1 + K_{粗}\mu）= 9.81 \times 3.24 \times 21 \times（1 + 0.418 \times 2.58）= 1387.3（Pa）$$

f. 弯头压损（$H_{弯}$）:

$$H_{弯} = \zeta_{弯} \frac{u_a^2}{2g} \gamma_a（1+\mu）= 0.066 \times 27.0 \times 9.81（1 + 2.58）= 62.6（Pa）$$

式中，弯头曲率半径 $R = 10D$，转角 $\alpha = 90°$，根据附录三，阻力系数 $\zeta_{弯} = 0.066$。

g. 恢复压损（$H_{复}$）:

$$H_{复} = C\delta H_{加} = 1 \times 0.1 \times 1236.1 = 123.6（Pa）$$

式中，根据表 4-4、表 4-5 得 $C = 1$，$\delta = 0.1$。

h. 卸料器压损（$H_{卸}$）: 选择下旋 55 型卸料器。

$Q_{处} = 1163\text{m}^3/\text{h}$，根据附录八离心除尘器（卸料器）性能表，选取进口风速 $u_j =$ 12.4m/s，插入法计算得

$$D = 500\text{mm}, \ \Delta H = 523.9\text{Pa}$$

所以，输送物料部分压损 H_1 为

$H_1 = 80 + 185.4 + 1236.1 + 546.6 + 1387.3 + 62.6 + 123.6 + 523.9 = 4145.5（Pa）$

2）No.3、No.4 提料管

①主要参数的确定：方法同上，略。

②输送物料压损 H_1 的计算：方法同上，略。

$$H_1 = H_{机} + H_{接} + H_{加} + H_{升} + H_{摩} + H_{弯} + H_{复} + H_{卸} = 4142.0\text{Pa}$$

$$\frac{4145.5 - 4142.0}{4145.5} \times 100\% = 0.08\%$$

即不平衡率不大于 5%，所以，阻力平衡。

3）No.5、No.6 提料管：

主要参数的确定：方法同上，略。

$$H_1 = 4258.9\text{Pa}$$

4）No.7、No.8、No.9、No.10 提料管：

主要参数的确定：方法同上，略。

$$H_1 = 4172.4\text{Pa}$$

10 根提料管的输送物料压损 H_1 不平衡率均低于 5%，阻力平衡。

2. 尾气净化部分压损 H_2 的计算

1）汇集风管和连接管道的阻力计算

（1）汇集风管：根据图 4-20，汇集风管小头端风量为

$$Q_小 = Q_{10} = 654\text{m}^3/\text{h}$$

选取汇集风管小头端风速 $u_小 = 13.7\text{m/s}$，则 $D_小 = 130\text{mm}$。

汇集风管大头端的风量为

$$Q_大 = \sum Q = Q_1 + Q_2 + \cdots + Q_{10} = 8384\text{m}^3/\text{h}$$

选取汇集风管大头端风速（$u = 15.3\text{m/s}$）大，查附录二得

$$D_大 = 440\text{mm},\ R = 0.48 \times 9.81 = 4.71\ (\text{Pa/m})$$

$$H_汇 = 2R_大L = 2 \times 4.71 \times 12.3 = 115.87\ (\text{Pa})$$

式中，汇集风管长度 12.3m。

（2）进风机连接管：

进风机连接管中风量 $Q = 8384\text{m}^3/\text{h}$，选风速 $u_a = 15.3\text{m/s}$，则

$$D = 440\text{mm},\ R = 0.48 \times 9.81 = 4.71\ (\text{Pa/m})$$

$$H_m = RL = 4.71 \times 3.8 = 17.9\ (\text{Pa})$$

式中，进风机连接管长度 3.8m。

弯头：$R = D$，$\alpha = 90°$，查附录三，$\zeta = 0.23$，两个弯头的阻力为

$$H_j = 2\zeta \frac{u_a^2}{2g} \gamma_a = 2 \times 0.23 \times 140.4 = 64.6\ (\text{Pa})$$

所以，此段风管总阻力为

$$17.9 + 64.6 = 82.5\ (\text{Pa})$$

（3）风机与除尘器之间连接管：

风量 $Q = 8384\text{m}^3/\text{h}$，选风速 $u_a = 15.3\text{m/s}$，则 $D = 440\text{mm}$，$R = 0.48 \times 9.81 = 4.71$（Pa/m）。

$$H_m = RL = 4.71 \times (1.2 + 2.0) = 15.1 \text{（Pa）}$$

式中，风机与除尘器之间连接管长度 1.2m、2.0m。

弯头：$R = D$，$\alpha = 90°$，则 $\zeta = 0.23$。

$$H_j = \zeta \frac{u_a^2}{2g} \gamma_a = 0.23 \times \frac{15.3^2}{2 \times 9.81} \times 11.77 = 32.3 \text{（Pa）}$$

所以，此段风管总阻力为 $15.1 + 32.3 = 47.4$（Pa）。

（4）除尘器排风管：

$Q = 8384\text{m}^3/\text{h}$，选风速 $u_a = 12.9\text{m/s}$，则 $D = 480\text{mm}$，$R = 3.09\text{Pa/m}$。

$$H_m = RL = 3.09 \times 3.5 = 10.8 \text{（Pa）}$$

式中，除尘器排风管长度 3.5m。

弯头：$R = D$，$\alpha = 90°$，则 $\zeta = 0.23$。

$$H_j = \zeta \frac{u_a^2}{2g} \gamma_a = 0.23 \times \frac{12.9^2}{2 \times 9.81} \times 11.77 = 23.0 \text{（Pa）}$$

风帽选取环形风帽，阻力取 170Pa。

所以，此段风管总阻力为

$$10.8 + 23.0 + 170 = 203.8 \text{（Pa）}$$

连接管道的总阻力为

$$H_{管} = 82.4 + 47.4 + 203.8 = 334 \text{（Pa）}$$

2）布袋除尘器阻力

因为，风网总风量 $\sum Q = 8384\text{m}^3/\text{h}$，所以，布袋除尘器处理风量 $Q_{处} = 8384\text{m}^3/\text{h}$。

根据本书附录九，选择低压脉冲除尘器 TBLM-78 型。处理风量：3438～17190m³/h，滤袋长度 $L = 2\text{m}$，过滤面积 $A = 57.5\text{m}^2$，阻力 $H_{除} = 1470\text{Pa}$，过滤风速 $u = 2.43\text{m/min}$。

3）计算尾气净化部分压损 H_2

通过尾气部分的汇集风管、连接管道和除尘器的阻力计算和确定，尾气净化部分压损 H_2 为

$$H_2 = H_汇 + H_管 + H_除 = 116 + 334 + 1470 = 1920 （Pa）$$

3. 选择风机和电动机

计算气力输送系统的总压损、总风量：

$$\sum H = H_1 + H_2 = 4259 + 1920 = 6179 （Pa）$$

$$\sum Q = 8384 m^3/h$$

计算风机参数：

$$H_风 = （1.0 \sim 1.2）\sum H = 1.15 \times 6179 = 7106 （Pa）$$

$$Q_风 = （1.0 \sim 1.2）\sum Q = 1.1 \times 8384 = 9222 （m^3/h）$$

选择的风机型号规格：6-30 型 No.7，转速 $n = 2667 r/min$，效率 $\eta = 81.8\%$。

电动机功率：

$$N_{dx} = k\frac{HQ}{1000\eta\eta_c} = 1.15 \times \frac{7106 \times 9222}{1000 \times 3600 \times 81.8\% \times 95\%} = 23.4 （kW）$$

选择电动机 Y200L1-2，30kW，2950r/min。

本例题气力输送风网的压损计算见表 4-10。

表 4-10 面粉厂粉间气力输送阻力计算表

输料管号	No.1	No.2	No.3	No.4	No.5	No.6	No.7	No.8	No.9	No.10
物料性质	粗	粗	粗	粗	粗	粗	粗	粗	粗	粗
$G_物/$（t/h）	3.6	3.6	3.0	3.0	2.15	2.15	1.785	1.785	1.785	1.785
S/m	18	18	18	18	18	18	18	18	18	18
L/m	21	21	21	21	21	21	21	21	21	21
$u_a/$（m/s）	21	21	21	21	21	21	21	21	21	21
$\mu/$（kg/kg）	2.58	2.58	2.49	2.49	2.50	2.50	2.27	2.27	2.27	2.27
H_d/Pa	264.87	264.87	264.87	264.87	264.87	264.87	264.87	264.87	264.87	264.87
$Q/$（m³/h）	1163	1163	1003	1003	718	718	654	654	654	654
D/mm	140	140	130	130	110	110	105	105	105	105
$K_粗$	0.418	0.418	0.377	0.377	0.293	0.293	0.272	0.272	0.272	0.272

输料管号		No.1	No.2	No.3	No.4	No.5	No.6	No.7	No.8	No.9	No.10
$i_{容粗}$/[（kg/m²）/t]		35.0	35.0	41.0	41.0	57.0	57.0	63.0	63.0	63.0	63.0
R/[（kg/m²）/m]		3.24	3.24	3.53	3.53	4.37	4.37	4.59	4.59	4.59	4.59
输送物料部分压损 H_1/Pa	$H_{机}$	80	80	80	80	50	50	50	50	50	50
	$H_{接}$	185.4	185.4	185.4	185.4	185.4	185.4	185.4	185.4	185.4	185.4
	$H_{加}$	1236.1	1236.1	1206.6	1206.6	1202.2	1202.2	1103.2	1103.2	1103.2	1103.2
	$H_{升}$	546.6	546.6	527.6	527.6	529.7	529.7	481.0	481.0	481.0	481.0
	$H_{摩}$	1387.3	1387.3	1409.9	1409.9	1559.7	1559.7	1529.4	1529.4	1529.4	1529.4
	$H_{弯}$	62.6	62.6	61.0	61.0	61.1	61.1	57.1	57.1	57.1	57.1
	$H_{复}$	123.6	123.6	181.0	181.0	180.3	180.3	275.8	275.8	275.8	275.8
	$H_{卸}$	523.9	523.9	490.5	490.5	490.5	490.5	490.5	490.5	490.5	490.5
	H_1	4145.5	4145.5	4142.0	4142.0	4258.9	4258.9	4172.4	4172.4	4172.4	4172.4
尾气净化部分压损 H_2/Pa	$H_{匚}$	116									
	$H_{管}$	334									
	$H_{除}$	1470									
	H_2	1920									
卸料器 D/mm		500	500	480	480	405	405	390	390	390	390
系统总压损 ΣH/Pa		6179									
系统总风量 ΣQ/（m³/h）		8384									
备注		风机：6-30 型 No.7，$n=2667$r/min，效率 $\eta=81.8\%$ 电动机：Y200L1-2，30kW，2950r/min 除尘器：TBLM-78 型，滤袋长度 $L=2$m，过滤面积 $A=57.5$m²，阻力 $H_{除}=1470$Pa， 过滤风速 $u=2.43$m/min									

4.6　气力输送装置的调整和操作

　　气力输送装置能否实现我们设计时能预想的工艺效果，不仅取决于科学的设计和精心的安装，同时还取决于正确的调整和合理的操作。在设计、安装、调整、操作这四个环节中，设计当然是最基本的，是起决定性作用的。如果设计有缺陷，就会给以后的操作带来困难，影响工艺效果。但是事物总是在不断发展的。设计方案是在一定客观条件下产生的，设计当时认为是合理的，通过一段实践之后，由于科学技术的发展，或客观条件的变化，也可能出现新的不合理部分。因此在一定程度上来讲，对于设计安装好了的风网，调整和操作就上升到支配的地位，成为起决定作用的因素。对于一个设计存在缺陷的风网，若能正确调整、合理操作，也能使其达到或接近预期效果。所以调整和操作就成为生产实践过程中的一个重要环节。

4.6.1　试车前的准备工作

1. 外表检查

风网设备安装完工之后，要对安装质量进行最后一次检查。事实上，对于安装质量的详细检查工作，在每台设备的安装过程中已随时进行了。所以在试车前的检查，只能是一种核对性的外表检查。不能将问题都留在这时来解决。在进行外表检查时，应注意下列一些问题：

第一，以原设计方案为依据，检查核对各种除尘、气力输送装置的规格及其配置方式是否符合设计规定。对某些除尘装置的吸尘口位置、面积、网路组合，以及气力输送设备、负压接料器进风口距地面的距离、卸料器排料管的角度和垂直高度等，除目测外，必要时要用量具实测。并记录实测结果，以备调整时参考。

第二，检查管道和设备的密闭性，要特别注意那些隐藏的部位。例如，管道通楼板时的连接处，各个法兰连接处，并联离心集尘器的进口、卸料器和除尘器的排料管等。

第三，检查所有设备和管道的固定是否牢固可靠。对那些支承、拉杆、吊挂设置，不允许用绳索捆绑或铁丝吊挂。特别是输送管，更不允许有摇晃现象。

第四，对那些在负压状态下工作的管道，对用薄铁做成的汇集管要检查它们的耐压力度。一般要求能承受一个人站在上面的重量。

第五，检查压力门、节流阀等调节机构是否灵活。

第六，检查风机和叶轮闭风器转动部分是否正确灵活。传动带的松紧和防护罩是否达到安全运转的要求。

第七，外表修饰及油漆等是否合适。

第八，注意各部设备内部是否有安装时遗留的螺帽、钉子等杂物，如有发现必须清除。

对上述的检查不应忽略，如对某些个别环节的缺陷不加纠正，同样会给实际生产带来不良后果。必须严格要求，一丝不苟，发现缺陷或差错，就应根据情况设法纠正。

2. 空车运转

1）空车运转的目的与要求

空车运转的目的是进一步发现工艺设计，设备制造、安装中存在的缺陷，并加以纠正，为投料试车做好准备。所有工艺设备的空车运转要同时进行或先行做好。

应该强调的是，气力输送不投料的"空车运转"，实质是最大负荷运转，此时风机耗用功率最大，因此在空车运转达时尤其要注意防止电机过载烧毁。

2）空车运转的顺序

（1）首先将各分支管的节流阀，开启到设计方案规定的开启程度。并将风机的总节流阀全关闭。

（2）启动风机和叶轮闭风器。因为风机运转速高，达到正常运行转速所需的时间较长，一般在数十秒钟，所以当风机启动后要观察 1～2min，当风机运转速平稳正常时，再将总节流阀逐渐开启到设计方案所要求的程度。此时要特别注意电动机的电流，不要超过其额定值。

（3）调整管内风速。在各除尘风管的吸口或输料管的接料口，用手感触是否有风，并比较其大小。如果发现个别管子无风或风量不大，应首先检查其进风口，或作业机内的风道是否畅通。如检查无误，再将风量小的管道节流阀开大，将风量大的节流阀关小一些。使所有输料管的风量调整到大小近似相同。如果调整后仍感觉各管风量不大，可逐渐开大总风门（要特别注意电流不要越过额定值），为了更准确地调好风速，在有条件的情况下，可用仪器在输料管中段（输送长度1/2）测量管内风速，在空车运转时可将风速调到设计输送风速 1.1 倍左右。例如，设计输送物料的风速为 18m/s，在空车运转时可将管内风速调到达 20m/s 左右。

（4）检查漏风。检查风网各部位有无漏风现象，其方法可用宽小于 10mm，长约 150mm 的软纸条，接近可能性漏风处，如果在负压管壁外侧将纸条吸在壁上，或在正压管壁外侧将纸条吹起，就表明此处有漏风，这就应当采取措施堵塞漏风。

（5）检查机械运转的状况。除上述各项观察调试外，还应对气力输送、通风除尘动态工作的机械进行检查，如检查通风机、叶轮闭风器、电动机等的轴承箱是否过热。

4.6.2　试车和调整

经过空车运转和管内风速的调整平衡之后，就可进行投料试车。

1. 试车的目的与调整的内容和方法

1）试车的目的与意义

气力输送网路在设计时虽然考虑了诸多方面的影响，但由于设备制作、安装工程中的误差，当工艺设备安装完毕就立即投产使用，是很难到达预期效果的。为了保证尽快投产使用，必须在投产前进行投料试车。通过试车进一步发现问题，采取相应措施加以调整，这样不仅可避免正式投产时发生问题，从而影响生产，而且还能保证除尘和气力输送的良好工艺效果，所以此环节是不可忽略的。

2）试车、调整的内容和方法

在投料试车中主要须做下列一些工作：

（1）观察接料器的工作情况。物料进入接料器的流量是否均匀，是否有撞击现象。如果诱导接料器的流层不均，或有撞击现象，应调整进料涮板或缓冲压力门，限制随料进风的多少。

（2）观察卸料器的分离效果，调整卸料器中的导料板，或卸料器出风口的节流阀。

（3）观察压力门闭风排料工艺效果。如果压力门间断工作，要调整压力门的压砣重量或距离，保证卸料器排料管内料封段的高度。

（4）检查离心分离器物料出口和叶轮闭风器是否漏风。

（5）观察各作机吸风装置的工艺效果，有无灰尘外扬现象。

（6）在试车中发现掉料，要分析原因，是物料流量过大，还是因闭风器漏风所致，而不能一见到掉料就简单地认为是管内风速低。对掉料的处理程序，应立即停止供料，待管内风速恢复后再行投料，并适当控制物料流量，使之均匀。

2. 掉料试验

掉料试验就是通过降低管内风速的办法，有意识地造成输料管掉料，从中找到最低安全输送风速，以达到节能的目的。先经上述调整产量达到正常要求，再做掉料试验。这种试验必须在产量十分稳定的条件下进行。

首先将风机总节流阀逐渐关小，直至某根输料管掉料或接近为止。然后再将那些风速较高的料管的节流阀关小一些，使它们也接近掉料。在一组风网中经这样反复 2～3 次的调整后，就能使每料管都在最低安全风速条件下工作。最后再将风机总节流阀开大一些，使各个输料管的风速留有一定余地。

经上述调整，如果总节流阀关闭得太小，风网仍能正常工作，这表明风机在此转速条件下，所具有的压力性能远超过风网阻力。应适当降低风机转速，使电力消耗进一步降低。

在调整过程中，如果风机总节流阀已全打开，仍有的输料管掉料，而产量达不到设计要求，此时将未掉料输料管的节流阀关小一些，将空气流量移到掉料的管子，使掉料的管子空气流量增加。只有当这些努力无效时，再考虑提高风机转速，或研究其他措施。

一般来说，只要设计合理、安装精心，气力输送装置本身的调整并不困难。

主要是工艺过程不稳定造成输料管工作阻力不平衡引起掉料，所以在调整中必须注意观察，冷静分析。分析哪些不正常现象是属于气力输送设备上的问题，哪些属于工艺上的原因。要防止被某些假象迷惑而盲目地改变气力输送设备。否则越改越乱，影响投产。

4.6.3　气力输送系统的操作与运行管理

1. 开车和停车顺序

气送装置在每次开车前，应进行一般的检查和准备工作。例如，检查风机的总门是否关闭；各处风门是否在规定位置；检查压力门是否因杂物卡夹而无法关闭；除尘器下部存灰箱中的灰杂是否已清除；密闭是否良好等。

开车的顺序为：

第一，发出开车信号。待各楼层准备就绪并发回信号后，才能正式开车。

第二，首先开动闭风器，然后再开启通风机。待通风机运转正常后逐渐将总风门开启到规定的位置，并随时注意电流表和风机压力计的读数是否正常。

第三，按工艺顺序依次或分段开动各作业机。

第四，开始进料。如果工艺流程中设有存料仓并存有物料时，可分段同时进料。流量由小到大，直至规定数值。

停车顺序为：

第一，发出停车信号。

第二，停止进料。

第三，关停各作业机。

第四，关停通风机和关风器，关闭风机总风门。

停车后要进行一般检查和保养。例如，检查电动机和风机轴承的温升情况；传动皮带的松紧程度；管道设备的磨损和密闭情况；除尘器的清理和其他清扫工作。

2. 运转中的操作

气力输送操作最根本的一条，是要保持在同一网路中的各根据输料管的物料流量的稳定，特别是不能间断供料。因为一根输料管断料，其阻力就随之大大降低，空气就会从断料的管子大量进入，形成这根料管空气"短路"，影响同一网中其他料管正常工作。所以，气力输送网路中各根输料管的流量，彼此都应保持一定的比例（此值设计时已定），不能忽多忽少，更不能突然无料。

气送装置在流量稳定的条件下才能充分发挥其效能，最大限度地降低风速，提高物气混合比，从而降低电耗。

　　为了稳定流量，在接料器前装设小型存料仓是大有好处的。对于流量较大的管道，可考虑单独风网单管提升，或装设有效的风量自动调节装置，或采用其他自动控制措施。

　　总之，明确了输送装置对物料流量大小比较敏感这一特性，我们对其工艺技术操作就有了准绳，就要处处为减小流量波动而研究合适的操作方法。

　　如果是连续性较强的组合输送工艺，各根输送管的输送量直接与工艺设备的操作有关，所以应首先加强各作业机的维修保养，加强操作和巡回检查，以保证流量的连续和稳定。

　　需要回机的物料，应根据物料性质送到有关管道均匀缓慢地加入。对于某些轻杂物过多而造成料封压力门堵塞。

　　发现某根输料管掉料，既要尽快地排除故障，又要防止处理时因堵塞物料排空而突然大量进风，影响其他输料管正常工作，这时，应暂时限制进风并立即进料。

第 5 章 机 械 输 送

在粮油饲料工业生产过程中，物料的输送除了采用气力输送外，都是选用合适的机械输送设备。本章主要讲述常用的几种机械输送设备的类型、结构、工作原理及其选用方法。

5.1 胶带输送机

5.1.1 胶带输送机的结构与工作原理

1. 结构

图 5-1 所示为固定式胶带输送机的一般结构。它主要由输送带、驱动轮、张紧轮、支承装置（上、下托辊）、驱动装置、张紧装置、进料装置、卸料装置和机架等部分组成。驱动轮、张紧轮及上、下托辊通过轴固定安装于机架，输送带环绕于驱动轮和张紧轮，形成封闭环形的运转构件，为了防止输送带下垂，每隔一定距离安装了可转动的上、下托辊，支承输送带，驱动装置安装于驱动轮端（头部），通过驱动轮的摩擦传动实现输送带的驱动，安装于张紧轮端（尾部）的张紧装置可完成输送带的张紧。

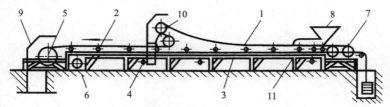

图 5-1 固定式胶带输送机的一般结构

1. 有载分支；2. 上托辊；3. 无载分支；4. 下托辊；5. 驱动滚筒；6. 改向滚筒；
7. 张紧滚筒；8. 接料斗；9. 卸料斗；10. 卸料小车；11. 机架

1）输送带

输送带是承载、传递动力和输送物料的重要构件。粮食、饲料加工厂中常用普通型和轻型橡胶输送带，它由数层带胶的帆布带经硫化胶结后的芯层和上下表面橡胶覆盖层组成。其规格尺寸主要为胶带宽度，标准值一般为 300 mm、400 mm、

500 mm、650 mm、800 mm、1000mm、1200 mm 等。橡胶输送带的连接方法有硫化连接法和机械连接法两种。

2）支承装置

支承装置的作用是支承输送带和物料，防止输送带下垂。其结构如图 5-2 所示，它主要由支架和托辊两部分组成，托辊可随输送带的前进而转动。常用的支承装置有单节平直型和多节槽型，前者用于输送包装物料和输送机的无载分支（下托辊），后者用于输送散体物料。

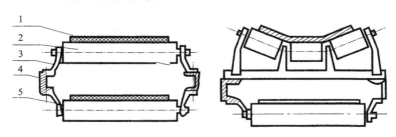

图 5-2　支承装置
1. 输送带；2. 上托辊；3. 托架；4. 机架；5. 下托辊

3）驱动轮、张紧轮

驱动轮的结构如图 5-3 所示，主要包括轴、轴承和滚筒等部分。它们的作用是支承、驱动和张紧输送带。

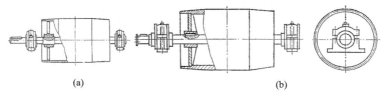

(a)　　　　　　　　　　　　　(b)

图 5-3　（a）钢板焊制驱动滚筒图；（b）铸铁浇制驱动滚筒

4）驱动装置

图 5-4 为胶带输送机的头部结构，其中驱动装置由电动机、联轴器、减速传动机构和驱动轮等部分构成，它的作用是进行动力传递，实现输送带的连续运转。

5）张紧装置

张紧装置是用于实现输送带的张紧，保证输送带有足够张力的构件。它安装于输送机尾部的张紧轮上，工程实际中常用的有滑块螺杆式张紧装置和小车式张紧装置，前者一般用于移动式胶带输送机，后者用于张力较大的固定式胶带输送机。其结构如图 5-5、图 5-6 所示。

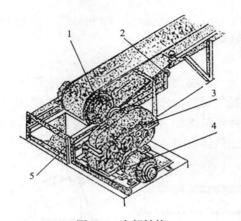

图 5-4　头部结构

1. 驱动轮；2. 导向轮；3. 减速器；4. 电动机；5. 机架

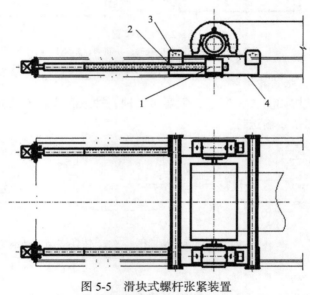

图 5-5　滑块式螺杆张紧装置

1. 滑块；2. 螺杆；3. 螺母；4. 导轨

6）进卸料装置

输送包装物料时，进卸料用倾斜溜板，中间卸料用挡板；输送散装物料时，进卸料用进料斗和卸料斗，中间卸料用卸料小车。

2. 胶带输送机的工作原理

在明白胶带输送机的一般结构后，下面来分析其工作过程。物料通过进料装置进入输送带，输送带的连续运转，会将物料输送到卸料点，然后利用卸料装置

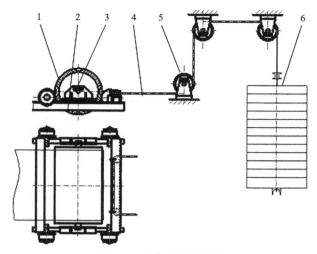

图 5-6　小车式张紧装置

1. 张紧滚筒；2. 轨道；3. 小车；4. 钢丝绳；5. 滑轮；6. 重锤

将物料卸下，卸完料后的空带经下部空载段回带。概括来说其工作过程是：利用环绕并张紧于驱动轮、张紧轮的封闭环形输送带作为承载，牵引和输送物料构件，通过输送带的连续运转实现物料输送。

5.1.2　胶带输送机的选用

1. 选用

1）型号表示

胶带输送机完整的型号包括：专业代号、品种代号、型式代号和规格代号。例如，TDSG50×100 型胶带输送机，其中：

T——专业代号（粮油机械通用设备）。

DS——品种代号（胶带输送机）。

G——型式代号（固定式），胶带输送机的型式较多，常见的型式代号为 G（固定式）、X（倾斜式）、S（伸缩式）、Y（移动式）。

50×100——规格代号[带宽（cm）× 中心距（m）]。

2）主要性能特点

胶带输送机是粮油、饲料加工厂用于水平方向或倾角较小的倾斜方向输送散体物料和包装物料的连续性装卸输送机械。其主要特点是：输送量大，输送距离长，可多点进、卸料，不损伤被输送物料，工作平稳可靠，噪声小。根据安装型式不同，胶带输送机可分为固定式和移动式两种。固定式常用于较长距离的原粮、半成品粮和成品粮的输送；移动式胶带输送机的基本结构与固定式相同，只是机架上安装有可实现移动的行走轮，常用于倾斜方向物料的短距离装卸输送。

3）选用原则

胶带输送机的选用，除了应遵循输送设备选用的一般原则外，具体选用时还应考虑以下几点：

（1）根据工艺的要求及有关工作条件，确定所选输送机的机型。一般情况下，粮油、饲料加工厂对较长距离、水平或倾角较小的倾斜方向的散体或包装物料进行输送，应选用固定式水平胶带输送机，短距离倾斜方向的散体或包装物料的输送或装卸应选用移动式胶带输送机。

（2）根据物料是散装或包装及输送量的大小，确定支承托辊的型式。无载分支均应选用平直单托辊；有载分支输送包装物料时选用平直单托辊，输送散装物料时选用不同型式的槽型托辊。

（3）根据工艺所需的输送量计算确定输送带的宽度，然后依据输送长度及有关条件确定型号规格。选型时可参考表 5-1、表 5-2 或有关资料中关于胶带输送机的规格及参数的内容。

表 5-1　胶带输送机的性能参数

参数		型号			
		DSG40	DSG50	DSG65	DSG80
带宽/mm		406	500	650	800
输送量/（t/h）		50	100	200	300
带速/（m/s）		2.5	3.15	3.15	
头轮直径/mm		240	240	320	400
尾轮直径/mm		200	200	240	320
输送距离 L/m		≤100	≤100	≤100	≤100
拉紧行程 S/mm	S≤50	500	500	500	500
	S≤100	800	800	800	800
托辊槽角/（°）		35	35	35	35
托辊直径/mm		60	60	76	76
托辊间距/mm	上托辊	1250	1250	1250	1250
	下托辊	2500	2500	2500	2500
胶带高度/mm		600	600	600	700
传动方式		三角带一次减速			

注：输送物料为小麦，具体输送量见表 5-2。

表 5-2　胶带输送机的计算输送量

托辊类型	带速 v/（m/s）	输送量 Q/（t/h）						
		B=300	B=400	B=500	B=650	B=800	B=1000	B=1200
三节式槽型	1.5	16 19	28 35	44 54	73 91	111 139	174 217	251 312
	2.0	21 26	37 46	58 72	97 121	149 185	232 289	334 416
	2.5	26 32	46 58	73 90	122 152	186 231	290 361	418 520
	3.0	31 49	56 69	87 108	146 182	223 277	348 433	501 624
	3.5	37 45	65 81	102 126	171 212	260 323	406 505	585 728
二节式槽型	1.5	14 17	25 31	39 49	66 81	101 124	158 194	277 279
	2.0	19 23	34 41	53 65	88 109	134 166	210 259	303 351
	2.5	24 29	42 52	66 81	110 136	168 207	363 323	378 466
	3.0	28 35	50 62	79 97	132 163	202 248	315 388	454 559
	3.5	32 41	59 72	92 113	154 190	235 290	368 453	529 652

注：上行数值为稻谷输送量，下行数值为小麦输送量。

2. 选型计算

胶带输送机的选型计算主要是输送量计算。

1）输送散体物料

输送散体物料时，胶带输送机的输送量与所采用的支承装置型式有关，通常可利用以下经验公式计算。

对于平直单托辊：

$$Q = 150B^2 v\gamma C \qquad （5-1）$$

对于侧托辊倾角 α=30°的三节式槽型托辊：

$$Q = 200B^2 v\gamma C \qquad （5-2）$$

对于侧托辊倾角 α=30°的二节式槽型托辊：

$$Q = 220B^2v\gamma C \qquad\qquad (5-3)$$

对于侧托辊倾角 $\alpha=45°$ 的三节式槽型托辊：

$$Q = 240B^2v\gamma C \qquad\qquad (5-4)$$

对于侧托辊倾角 $\alpha=60°$ 的三节式槽型托辊：

$$Q = 250B^2v\gamma C \qquad\qquad (5-5)$$

式中，Q——输送量，t/h；

B——输送带宽度，m；

v——输送带线速度，即输送速度，m/s，其大小与输送距离、输送宽度、输送倾角及物料种类等因素有关，通常颗粒状物料可取 1.5～4.0m/s，粉状物料取 0.8～1.25 m/s，包装物料取 1～1.5 m/s；

γ——物料容重（kg/m³）；

C——倾斜输送的倾角系数，输送倾角 $\beta=0°\sim7°$ 时，$C=1$；$\beta=8°\sim15°$ 时，$C=0.9\sim0.95$；$\beta=16°\sim20°$ 时，$C=0.8\sim0.9$；$\beta=21°\sim25°$ 时，$C=0.75\sim0.8$。

2）输送包装物料

输送包装物料时：

$$Q = 3.6\frac{G}{a}v \qquad\qquad (5-6)$$

式中，G——每包物料的重量，kg；

v——输送速度，m/s；

a——两包物料间的平均距离，m。

输送包装物料时的胶带宽度一般比粮包宽度大 100～200 mm。

实际计算时，一般都是利用上述输送量计算式，再根据具体输送量确定带宽，在此基础上选定所用输送机的型号。

【例 5-1】　某面粉厂用一台固定式胶带输送机在水平方向输送小麦（$\gamma = 0.75t/m^3$），已知输送量为 80t/h。试确定输送机带宽。

解　根据输送机的工作条件及输送物料种类，初取 $v = 2.5m/s$，水平输送，$C=1$。

如选用侧托辊倾角为 30° 的三节式槽型托辊，根据式（5-2）得

$$B = \sqrt{\frac{Q}{200v\gamma C}} = \sqrt{\frac{80}{200\times2.5\times0.75\times1}} = 0.46(\text{m}) = 460(\text{mm})$$

应选用带宽为 500mm 的胶带，此时 $v=2.13$ m/s。

如选用侧托辊倾角为 30°的二节式槽型托辊，根据式（5-3）得

$$B = \sqrt{\frac{Q}{220v\gamma C}} = \sqrt{\frac{80}{220 \times 2.5 \times 0.75 \times 1}} = 0.44(\text{m}) = 440(\text{mm})$$

应选用带宽为 500mm 的胶带，此时 $v = 1.94$ m/s。

如选用侧托辊倾角为 45°的三节式槽型托辊，根据式（5-4）得

$$B = \sqrt{\frac{Q}{240v\gamma C}} = \sqrt{\frac{80}{240 \times 2.5 \times 0.75 \times 1}} = 0.42(\text{m}) = 420(\text{mm})$$

应选用带宽为 500mm 的胶带，此时 $v = 1.78$m/s。

如选用侧托辊倾角为 60°的三节式槽型托辊，根据式（5-5）得

$$B = \sqrt{\frac{Q}{250v\gamma C}} = \sqrt{\frac{80}{250 \times 2.5 \times 0.75 \times 1}} = 0.41(\text{m}) = 410（\text{mm}）$$

仍应选用带宽为 500mm 的胶带，此时 $v = 1.7$m/s。

通过以上计算，比较几种情况后，确定应选用带宽为 500mm 的输送带，支承装置应选用侧托辊倾角为 30°的三节式槽型托辊，此时实际输送速度为 2.13m/s。

5.2　斗式提升机

5.2.1　斗式提升机的结构与工作原理

1. 结构

图 5-7 所示为斗式提升机（简称斗提机）的一般结构。它主要由牵引构件（畚斗带）、料斗（畚斗）、机头、机筒、机座、驱动装置和张紧装置等部分组成。整个斗提机由外部机壳形成封闭式结构，外壳上部为机头，中部为机筒，下部为机座。机筒可根据提升高度不同由若干节构成。内部结构主要为环绕于机头头轮和机座底轮形成封闭环形结构的畚斗带，畚斗带上每隔一定的距离安装了用于承载物料的畚斗。斗提机的驱动装置设置于机头位置，通过头轮实现斗提机的驱动；用于实现畚斗带张紧、保证畚斗带有足够张力的张紧装置位于机座外壳上；为了防止畚斗带逆转，头轮上还设置了止逆器；机筒中安装了畚斗带跑偏报警器，畚斗带跑偏时能及时报警；底轮轴上安装有速差监测器，以防止畚斗带打滑；机头外壳上设置了一个泄爆孔，能及时缓解密封空间的压力，防止粉尘爆炸的发生。

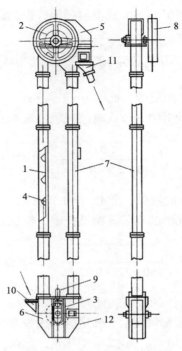

图 5-7　斗式提升机的一般结构
1. 头轮；2. 机头；3. 传动轮；4. 出料口；5. 机筒；6. 畚斗；7. 畚斗带；
8. 张紧装置；9. 进料口；10. 机座；11. 底轮；12. 插板

以上几个特殊构件的设置，都是为了保证斗提机能正常安全地运转。

1）畚斗带

畚斗带是斗提机的牵引构件，其作用是承载、传递动力。要求强度高、挠性好、延伸率小、质量轻。常用的有帆布带、橡胶带两种。帆布带是用棉纱编织而成的，主要适用于输送量和提升高度不大、物料和工作环境较干燥的斗提机；橡胶带由若干层帆布带和橡胶经硫化胶结而成，适用于输送量和提升高度较大的提升机。

2）畚斗

畚斗是盛装输送物料的构件。根据材料不同分为金属畚斗和塑料畚斗。金属畚斗是用 1～2 mm 厚的薄钢板经焊接、铆接或冲压而成；塑料畚斗用聚丙烯塑料制成，它具有结构轻巧、造价低、耐磨、与机筒碰撞不产生火花等优点，是一种较理想的畚斗。常用的畚斗按外形结构可分为深斗、浅斗和无底畚斗，如图 5-8、图 5-9 所示，它适用于不同的物料。畚斗用特定的螺栓固定安装于畚斗带。常用畚斗的规格尺寸见表 5-3、表 5-4、表 5-5，表中 B、A、H 分别为畚斗的宽度、凸度和高度。

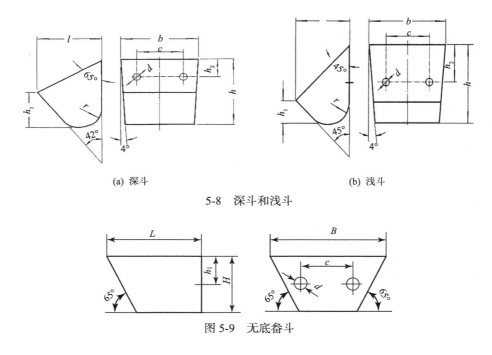

(a) 深斗 (b) 浅斗

5-8 深斗和浅斗

图 5-9 无底畚斗

表 5-3 深型畚斗的规格

型号	畚斗带宽/mm	畚斗尺寸/mm								螺钉只数	钢板厚度/mm	畚斗间距 a/mm	畚斗容积 V/L	（V/a）/（L/m）
		B	A	H	h_1	h_2	r	c	d					
DS90×75	100	90	75	90	44	30	25	50	7	2	1.0	200～250	0.3	1.5～1.2
DS110×75	125	100	75	90	44	30	25	60	7	2	1.5	200～250	0.37	1.85～1.48
DS110×90	125	110	90	96	45	30	35	60	7	2	1.5	200～250	0.48	2.4～1.92
DS130×110	150	130	110	132	66	35	35	90	9	2	1.5	250～300	0.95	3.8～3.15
DS130×125	150	130	125	150	75	40	40	80	9	2	1.5	250～300	1.21	4.85～4.05
DS180×125	200	180	125	150	75	40	40	60	9	3	1.5	300～400	1.70	5.7～4.25
DS180×140	200	180	140	168	84	40	44	60	9	3	1.5	300～400	2.10	7.0～5.25
DS230×125	250	230	125	150	75	40	40	85	9	3	2.0	400	2.20	5.5
DS230×140	250	230	140	168	84	40	44	85	9	3	2.0	400	2.70	6.75
DS280×125	300	280	125	150	75	40	40	100	9	3	2.0	400	2.65	6.6
DS280×140	300	280	140	168	84	40	44	100	9	3	2.0	400	3.3	8.25

注：畚斗间距＝斗高 H＋两斗间距，其中两头间距是指第一个畚斗的顶部到第二个畚斗的底部之间的距离。畚斗容积 $i \approx$（BAH）/2。

表 5-4　浅型畚斗的规格

型号	畚斗带宽/mm	畚斗尺寸/mm								螺钉只数	钢板厚度/mm	畚斗间距 a/mm	畚斗容积 V/L	(V/a)/(L/m)
		B	A	H	h_1	h_2	r	c	d					
DQ90×70	100	90	70	107	33	45	30	50	3	2	0.8	200	0.36	1.8
DQ110×75	125	110	75	107	33	45	30	50	3	2	0.8	200	0.44	2.2
DQ110×90	125	110	90	143	33	55	40	60	9	2	0.8	200	0.72	3.6
DQ130×110	150	130	110	156	46	75	45	80	9	2	1.0	300	1.10	3.67
DQ130×125	150	130	125	175	50	85	53	80	9	2	1.0	300	1.42	4.73
DQ180×125	200	180	125	175	50	85	53	60	9	3	1.0	350	1.97	5.63
DQ180×140	200	180	140	195	55	85	60	60	9	3	1.0	400	2.45	6.12
DQ230×125	250	230	125	175	50	85	53	85	9	3	1.0	350	2.52	7.2
DQ230×140	250	230	140	195	55	85	60	85	9	3	1.0	400	3.15	7.88
DQ280×125	300	280	125	175	50	85	53	100	9	3	1.0	350	3.06	8.74
DQ280×140	300	280	140	195	55	85	60	100	9	3	1.0	100	3.82	9.55

表 5-5　无底畚斗的规格

型号	畚斗带宽/mm	畚斗尺寸/mm						螺钉只数	钢板厚度/mm	畚斗间距 a/mm	畚斗容积 V_0/(L/只)	畚斗容积 V/(L/组)	(V/a)/(L/m)
		B	A	H	h_2	c	d						
DW90×75-5	100	90	75	40	20	50	7	2	1.5	320	0.18	0.9	2.82
DW90×75-10	100	90	75	40	20	50	7	2	1.5	550	0.18	1.8	3.28
DW110×90-5	125	110	90	45	22	60	7	2	1.5	345	0.31	1.55	4.50
DW110×90-10	125	110	90	45	22	60	7	2	1.5	600	0.31	3.10	5.18
DW130×110-5	150	130	110	45	22	80	9	2	2.0	345	0.48	2.40	6.94
DW130×110-10	150	130	110	45	22	80	9	2	2.0	600	0.48	4.80	8.00
DW180×125-5	200	180	125	60	30	60	9	3	2.0	420	0.99	4.45	11.80
DW180×125-10	200	180	125	60	30	60	9	3	2.0	750	0.99	0.90	13.20
DW230×140-5	250	230	140	70	35	85	9	3	2.0	540	1.70	8.50	15.70
DW230×140-10	250	230	140	70	35	85	9	3	2.0	940	1.70	17.00	18.10
DW280×140-5	300	280	140	70	35	100	9	3	2.0	940	2.10	10.50	19.40
DW280×140-10	300	280	140	70	35	100	9	3	2.0	940	2.10	21.00	22.30

3）头轮和底轮

头轮和底轮也称为驱动轮和张紧轮，分别安装于机头和机座，它们是畚斗带的支承构件，即畚斗带环绕于头轮、底轮，形成封闭环形的挠性牵引构件。头轮和底轮的结构与胶带输送机的驱动轮和张紧轮相同。

4）机头

机头主要由机头外壳、头轮、短轴、轴承、传动轮和卸料口等部分组成，如图 5-10 所示。

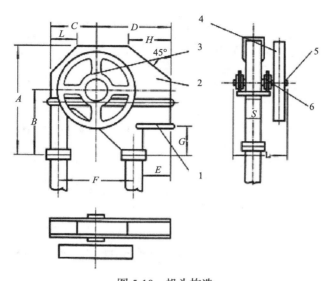

图 5-10　机头构造

1. 卸料口；2. 外壳；3. 传动轮；4. 头轮；5. 短轴；6. 轴承

5）机筒

常用的机筒为矩形双筒式，如图 5-11 所示。机筒通常用薄钢板制成 1.5～2m 长的节段，节段间用角钢法兰边连接。机筒通过每个楼层时都应在适当位置设置观察窗，在整个机筒的中部设置检修口。

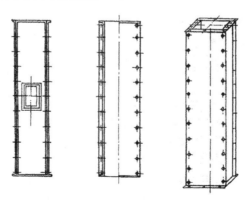

图 5-11　矩形双筒式机筒

6）机座

机座主要由底座外壳、底轮、轴、轴承、张紧装置和进料口等部分组成，如图 5-12 所示。

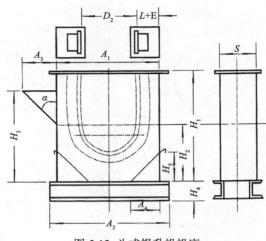

图 5-12 斗式提升机机座

2. 斗式提升机的工作原理

斗提机利用环绕并张紧于头轮、底轮的封闭环形畚斗带作为牵引构件，利用安装于畚斗带上的畚斗作为输送物料构件，通过畚斗带的连续运转实现物料的输送。因此，斗提机是连续性输送机械。理论上可将斗提机的工作过程分为三个阶段：装料过程、提升过程和卸料过程。

1）装料过程

装料就是畚斗在通过底座下半部分时挖取物料的过程。

$$\psi = \frac{\text{畚斗内所装物料的体积}}{\text{畚斗的几何容积}} \left(-\psi = \frac{\text{畚斗内所装物料的体积}}{\text{畚斗的几何容积}} \right)$$

畚斗装满程度用装满系数表示。根据装料方向不同，其装料方式有顺向进料和逆向进料两种方式，工程实际中较常用的是逆向进料方式，此种方式的进料方向与畚斗运动的方向相同，装满系数较大。

2）提升过程

畚斗绕过底轮水平中心线始至头轮水平中心线止的过程，即物料随畚斗垂直上升的过程，称为提升过程。此过程应保证畚头带有足够的张力，实现平稳提升，防止撒料现象的发生。

3）卸料过程

物料随畚斗通过头轮上半部分时再离开畚斗从卸料口卸出的过程称为卸料过程。卸料方法有离心式、重力式和混合式三种。离心式适用于流动性、散落性较好的物料；含水分较多、散落性较差的物料宜采用重力式卸料；混合式卸料对物料适应性较好，工程实际中较常采用。

5.2.2　斗式提升机的选用

1. 选用

1）型号表示

斗式提升机简称斗提机，它完整的型号表示内容与胶带输送机相同。如 TDTG 36/18 型斗提机，其中：

T——专业代号（粮油机械通用设备）；

DT——品种代号（斗式提升机）；

G——型式代号（G 为固定式，移动式和链式斗提机的型式代号分别为 Y 和 L）；

36/18——规格代号［头轮直径（cm）/畚斗宽度（cm）］。

2）主要性能特点

斗式提升机是一种广泛用于粮食、饲料加工厂仓，实现较大垂直方向颗粒状、粉状散体物料输送的机械输送设备。其主要特点是：横向尺寸小，输送量大，提升高度大，能耗小（能耗约为气力输送的 1/5～1/10），密封性好；但工作时易过载、易堵塞、畚斗易磨损。斗提机按安装型式可分为固定式和移动式；按牵引构件不同又可分为带式和链式。工程实际中较常用的为固定式带式斗提机。

3）选用原则

斗提机的选用，除了应遵循输送设备选用的一般原则外，具体选用时还应考虑以下几点：

（1）根据工艺的要求及有关条件，确定斗提机的机型。粮食、饲料加工厂一般均可选用固定式带式斗提机；但如果载荷特别大、工作条件非常差以及油厂需要输送半成品的情况下，可考虑采用固定式链式斗提机。

（2）根据工艺设备安装的要求，确定进料方式；根据物料种类及有关条件，确定畚斗型式。

一般情况下应选用逆向进料；但出于工艺设备摆布的需要时，也可选用顺向进料；输送流动性、散落性较好的物料，可选用深型或无底畚斗，采用离心卸料；输送含水分较多、黏性较大、流动性和散落性较差的物料，则应选用浅型畚斗，采用重力式卸料。对于一般性物料均可考虑采用混合式卸料。

（3）根据输送高度，确定中间机筒的节数。

（4）根据工艺所需的输送量，确定斗提机的规格型号。粮食、饲料加工厂常用的斗提机的规格及参数见表 5-6。

表 5-6　斗式提升机的技术参数

特性		型号							
		DTG 15/9	DTG 15/11	DTG 15/13	DTG 15/18	DTG 20/9	DTG 20/11	DTG 20/13	DTG 20/18
头轮直径/mm		150	150	150	150	200	200	200	200
畚斗规格宽×凸度/（mm×mm）		80×75	110×75	130×75	180×75	90×75	110×90	130×90	180×90
头轮转速/（r/min）	颗粒	120				115			
	粉料	76				57			
料斗带线速/（m/s）	颗粒	0.94				1.2			
	粉料	0.6				0.6			
料斗间距/mm		200				200			
输送量/（t/h）	稻谷	1.2～1.6	1.5～2.0	1.8～2.3	2.5～3.2	1.6～2.0	3.0～3.9	3.6～4.6	4.9～6.4
	小麦	2.1～2.3	2.5～2.9	3.0～3.4	4.2～4.7	2.6～3.0	5.1～5.8	6.0～6.8	8.3～9.4
	粉碎	0.7	0.9	1.0	1.4	0.7	1.4	1.6	2.2
外形尺寸/mm	长	376				456			
	宽	145	170	195	245	145	170	195	245
	高	1065				14862			
轴功率/kW	稻谷	0.0049				0.0055			
	小麦	0.0049				0.0055			
	粉碎	0.0043				0.0043			
头轮直径/mm		260	260	260	260	360	360	360	360
畚斗规格宽×凸度/（mm×mm）		110×90	130×110	180×110	230×110	130×110	180×125	230×125	280×125
头轮转速/（r/min）	颗粒	90				80			
	粉料	53				42			
料斗带线速/（m/s）	颗粒	1.2				1.5			
	粉料	0.8				0.8			
料斗间距/mm		250				300			
输送量/（t/h）	稻谷	2.3～2.9	4.2～5.1	5.8～7.6	7.4～9.5	4.3～5.6	7.6～9.9	9.7～12.5	13.4～15.2
	小麦	3.8～4.3	7.0～7.9	9.6～11	12.3～14	7.2～8.2	12.6～14.4	12.6～14.4	19.7～22.4
	粉碎	1.47	2.3	3.1	4.0	1.9	3.4	4.4	5.3

续表

特性		型号							
		DTG 15/9	DTG 15/11	DTG 15/13	DTG 15/18	DTG 20/9	DTG 20/11	DTG 20/13	DTG 20/18
外形尺寸/mm	长	558				704			
	宽	175	200	250	300	205	255	305	355
	高	19812				25106			
轴功率/kW	稻谷	0.0055				0.0061		0.0064	
	小麦	0.0055		0.0057		0.0061		0.0064	
	粉碎	0.0047				0.0047			

2. 选型计算

斗提机输送量的计算公式为

$$Q = 3.6 \frac{V}{a} \gamma \cdot \psi \cdot v \qquad (5\text{-}7)$$

式中, Q——输送量, t/h;

　　　V——畚斗的容积, L;

　　　a——畚斗的间距, m;

　　　γ——物料的容重, kg/m³;

　　　ψ——畚斗的装满系数, 其大小由输送速度、畚斗型式、物料种类等多种因素决定, 计算时可按颗粒料取 0.75、粉状料取 0.55 初步确定;

　　　v——畚斗带的线速度, 即输送速度, m/s。流动性好的物料取 2.5~3.5m/s; 稻谷、小麦等物料取 1~2.5m/s; 粉状料取 0.6~1.5m/s; 块状料取 0.6~1m/s。

由于供料不均匀等多种原因, 实际输送量往往小于理论计算输送量, 实际输送量 Q' 为

$$Q' = \frac{Q}{K} \qquad (5\text{-}8)$$

式中, Q'——实际输送量, t/h;

　　　K——供料不均匀系数, 取 1.2~1.6。

实际计算时, 一般是根据输送量, 利用式(5-7)计算出 V/a 值, 然后查表 5-3、表 5-4、表 5-5 确定畚斗规格, 在此基础上进行斗提机的选型。

【例 5-2】　用一台斗提机输送小麦, 输送量为 10t/h。试计算确定斗提机的规格。

解　斗提机用于输送颗粒物料小麦，可取 $\psi = 0.75$，$v = 1.6\text{m/s}$；查得 $\gamma = 0.75\text{t/m}^3$，取 $K = 1.2$。

根据式（5-7），可得

$$\frac{V}{a} = \frac{Q}{3.6\gamma \cdot \psi \cdot v} = \frac{KQ'}{3.6\gamma \cdot \psi \cdot v} = \frac{1.2 \times 10}{3.6 \times 0.75 \times 0.75 \times 1.6} = 3.7 \ (\text{L/m})$$

考虑选用深型畚斗，查表 5-3，应选用 DS130 × 110 畚斗；再根据表 5-6，应选用 DTG15/11 型斗提机。

5.3　刮板输送机

5.3.1　刮板输送机的结构与工作原理

1. 总体结构

刮板输送机主要由刮板链条、头尾链轮、机槽、进料口、卸料口、驱动装置和张紧装置等构件组成，如图 5-13 所示。头尾链轮即为驱动轮和张紧轮；链条作为牵引构件被环绕支承于头尾链轮和机槽内；安装于链条上的刮板为输送物料构件。物料在封闭形机槽内通过连续运转的刮板、链条实现输送。与前面两种输送机相同，刮板输送机的驱动装置安装于头部驱动轮端，张紧装置设置于尾部张紧轮端。它通常采用滑块螺杆式张紧装置，其进料口开设于尾部机槽上部，卸料口开设于头部机槽下部。注意：胶带输送机和斗提机的牵引构件通过摩擦实现驱动，而刮板输送机的链条通过齿啮合实现驱动。

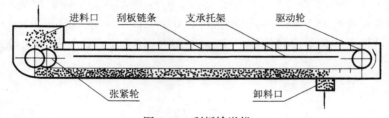

图 5-13　刮板输送机

2. 通用类型

常用的刮板输送机为固定式安装，它分为水平型（MS 型）、垂直型（MC 型）和 Z 型（MZ 型）三种，如图 5-14 所示。MS 型是使用普遍的水平型刮板输送机；MC 型是使用普遍的垂直型刮板输送机，最大工作倾角可达 90°，最大提升高度为 30m；MZ 型是一种水平-垂直混合型刮板输送机，提升高度一般为 20m，上水平段输送距离小于 30m。

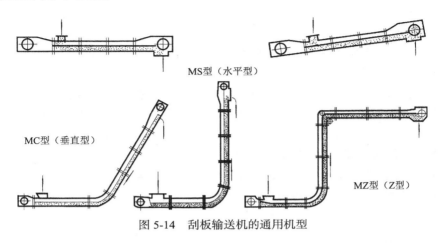

图 5-14　刮板输送机的通用机型

3. 刮板输送机的主要部件

1）刮板链条

刮板链条是由刮板和链条连接于一体而形成的，其作用是承载、传递动力和输送物料。常用的链条有模缎链、滚子链、双板链三种，图 5-15 所示的是它的链节，要求其必须保证有足够的强度和耐磨性。刮板根据其结构不同可分为 T 型、U_1 型、V_1 型、O 型和 O_4 型，如图 5-16 所示。它们的包围系数不同，适用于不同物料和不同类型的刮板输送机。一般情况下，MS 型刮板输送机选用 T 型、U_1 型刮板；MC 型刮板输送机选用 V_1 型、O 型和 O_4 型刮板；MZ 型选用 V_1 型刮板。

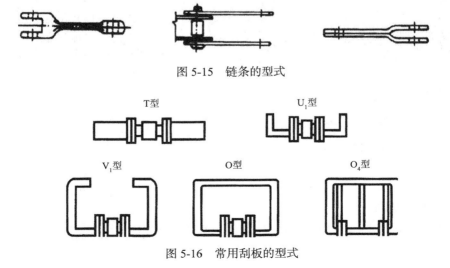

图 5-15　链条的型式

图 5-16　常用刮板的型式

输送物料的散落性越好，则应选用包围系数大的刮板，这样才能更好地保证物料的稳定输送。

2）机槽

机槽是刮板输送机的外壳，它起到密封和支承其他构件的作用，更重要的它还是物料输送的内腔，必须具有良好的耐磨性。由于刮板输送机有三种基本型式，其机槽结构较复杂，特别是 MC 型和 MZ 型刮板输送机。刮板输送机的机槽可分为机头段、机尾段、过渡段、弯曲段、中间段（包括水平、垂直中间段）和加料段。其中弯曲段是指 MC 型和 MZ 型刮板输送机水平到垂直或垂直到水平的弯曲过渡段，其结构较复杂；中间段是机槽最基本的部分；水平中间段和垂直中间段结构不同。机槽的横截面形状如图 5-17 所示，分为有载部分和空载部分，其基本参数为机槽宽度 B 和有载部分的高度 h。

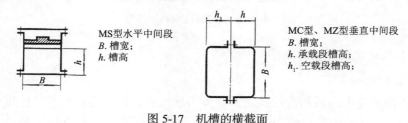

图 5-17　机槽的横截面

4. 刮板输送机的工作原理

胶带输送机和斗提机输送物料时是很直观的，它们分别利用输送带和畚斗直接将物料带走。而刮板输送机不能简单地认为是通过刮板直接推动物料而完成其输送，因为刮板的横断面往往较被输送物料的横断面小很多，刮板被物料埋在里面，所以以前将刮板输送机称为"埋刮板输送机"。那么，刮板输送机是怎样实现物料输送的呢？刮板输送机工作时，无论是水平输送还是垂直输送，当物料从进料口进入封闭的机槽后，在刮板推力、物料的自身重力等外力作用下，散体物料形成足够的内摩擦，该内摩擦力足以克服物料输送时所受的机槽对其的外摩擦力及垂直输送时物料的重力，这样物料就可形成一个相对稳定的整体，在刮板链条的作用下完整地向前输送。

5.3.2　刮板输送机的选用

1. 选用

1）型号表示

刮板输送机的标准型号表示同样包括四部分。例如，TGSS25 型刮板输送机，其中：

T——专业代号（粮油机械通用设备）；

GS——品种代号（刮板输送机）；

S——型式代号（水平刮板输送机）；

25——规格代号[机槽宽度（cm）]。

MS 型、MC 型、MZ 型刮板输送机的标准型号表示为 TGSS 型、TGSQ 型、TGSZ 型。

2）主要性能特点

与胶带输送机、斗式提升机一样，刮板输送机也是一种具有挠性牵引构件的连续输送机械，可用于水平、倾斜和垂直方向输送散体物料，常用于粮油、饲料加工厂的原粮、半成品及成品的输送，特别适合油脂加工厂的生产工艺中对油料的输送和粮食仓库原粮的输送。其主要特点是：结构简单，密封性好，进卸料装置简单，可多点进卸料，布置型式灵活，可同时多方向完成物料的输送。

3）选用原则

刮板输送机的选用，除了应遵循输送设备选用的一般原则外，具体选用时还应考虑以下几点：

（1）根据工艺流程的安排，合理选用刮板输送机的机型。例如，粮库、粮食饲料加工厂的原粮、成品及半成品的输送一般选用 MS 型刮板输送机；油厂的生产工艺过程中对油料的输送可选用 MC 型和 MZ 型刮板输送机。

（2）根据输送机型式及物料种类确定合适的刮板链条型式。输送粉状物料不宜选用滚子链，刮板的选用可参阅前面的内容。

（3）根据工艺设备的布置情况和输送长度，合理选择输送机机槽的长度及组合。

（4）根据工艺所要求的最大输送量确定输送机的型号规格。

常用的刮板输送机的规格参数见表 5-7。

表 5-7　刮板输送机主要参数和输送量系列

机型	MS 型				
机槽宽度 B/mm	160	200	250	320	400
机槽高度 h/mm	160	200	250	320	400
垂直空载段高度/mm	—	—	—	—	—
输送量/(t/h)　v=0.16m/s	11～13	17～20	23～27	—	—
v=0.16m/s	14～16	22～24	29～34	48～55	67～88
v=0.16m/s	17～20	27～31	37～42	60～69	84～97
v=0.16m/s	22～25	35～39	47～54	77～88	108～124

续表

机型		MS 型				
刮板链条	链条节距/mm		100	125	160	200	200
	载荷许用/N	45	14700	22500	30400	28400×2	43100×2
		45	16700	25500	34300	32300×2	49000×2
	刮板链条型式		DT GT	DT GT	DT GT	GV	BV
	每米长重量/(kg/m)		5.6 8.1	7.2 10.5	12.2 14.7	35.3	36.3
输送效率			0.75~0.85	0.75~0.85	0.65~0.75	0.65~0.75	
单机最大长度 L/m			<100				
单机最大高度 H/m			—				
安装倾角/(°)			0<α<25				
上水平部分总长度/m			—				
下水平部分总长度/m			—				

机型			MC 型				MZ 型		
机槽宽度 B/mm			160	200	250	320	160	200	250
机槽高度 h/mm			120	130	160	200	120	130	160
垂直空载段高度/mm			130	140	170	215	130	140	170
输送量/(t/h)	v=0.16 m/s		7.7~9.35	10.5~12.8	16.1~19.6	—	7.7~9.35	10.5~12.8	—
	v=0.16 m/s		9.8~11.9	13.3~16.2	20.3~24.7	32.2~29.0	9.8~11.9	13.3~16.2	20.3~24.7
	v=0.16 m/s		11.9~14.5	16.1~19.6	25.2~30.6	40.4~49.4	11.9~14.5	16.1~19.6	25.2~30.6
	v=0.16 m/s		15.4~18.7	21.0~25.2	32.2~39.2	51.8~63.0	15.4~18.7	21.0~25.5	32.2~39.2
刮板链条	链条节距/mm		100	125	160	200	100	125	100
	载荷许用/N	45	14700	22500	30400	28400×2	21600	28400	43100
		45	16700	25500	34300	32300×2	24500	32300	49000
	刮板链条型式		DV/DO GV/CO	DV/DO GV/CO	DV/DO GV/CO	GO BO	DV	DV	DV
	每米长重量/(kg/m)		10.7/11.6 11.5/12.4	11.4/14.7 12.6/15.9	17.6/18.6 18.0/20.0	40.9 42.3	12.7	15.1	18.4
输送效率			0.70~0.85				0.70~0.85		
单机最大长度 L/m			—				—		
单机最大高度 H/m			<30				<20		
安装倾角/(°)			25≤α≤90				25≤α≤90		
上水平部分总长度/m			—				<30		
下水平部分总长度/m			4~10				4~10		

2. 选型计算

刮板输送机输送量的计算公式为

$$Q = 3600Bhv\gamma\eta \qquad (5\text{-}9)$$

式中，Q——输送量，t/h；

B——机槽宽度，m，机槽的有效宽度已系列化，见表 5-7；

h——机槽有载部分的高度，m，水平输送时可取 $h = B$，垂直输送时 $h \leqslant B$；

v——刮板链条的线速度，即输送速度，m/s。其取值较小，一般情况下，小麦、玉米、豆类等取 $v = 0.3 \sim 0.4$m/s；稻谷取 $v = 0.4 \sim 0.5$m/s；大米取 $v = 0.3$m/s；面粉取 $v = 0.2$m/s；油料取 $v = 0.1 \sim 0.2$m/s；

γ——物料的容重，t/m^3。被输送物料容重应在 $0.2 \sim 1.8$ t/m^3 范围内；

η——输送效率。水平输送时，$B \leqslant 20$cm，取 $\eta = 0.75 \sim 0.85$；$B > 20$cm，取 $\eta = 0.65 \sim 0.75$。垂直输送时可取 $\eta = 0.7 \sim 0.85$。

实际计算时可根据输送量确定机槽尺寸 B、h 值，这是选定机型的主要依据。

【例 5-3】 选用水平刮板输送机输送稻谷（$\gamma = 0.56$t/m^3），最大输送量为 30t/h，输送距离为 40m。试确定其规格型号。

解 输送散落性相对较小的稻谷，取 $v = 0.4$m/s，水平输送，估计 $B > 20$cm，取 $\eta = 0.75$，$B = h$。

根据式（5-9）可得

$$B \cdot h = \frac{Q}{3600v\gamma\eta}$$

则 $\quad B = h = \sqrt{Q / 3600v\gamma\eta} = \sqrt{30 / (3600 \times 0.4 \times 0.56 \times 0.75)} = 0.223 \ (\text{m})$

依据表 5-7，取机槽系列标准尺寸 $B = h = 0.25$m = 250mm，应选用 MS25 型水平刮板输送机。

5.4 螺旋输送机

5.4.1 螺旋输送机的结构与工作原理

1. 螺旋输送机的结构

图 5-18 所示为水平螺旋输送机的一般结构，它主要由螺旋体、轴承、料槽、进出料口和驱动装置等部分组成。刚性的螺旋体通过头、尾部和中间部位的轴承支承于料槽，形成可实现物料输送的转动构件，螺旋体的运转通过安装于头部的

驱动装置实现，进出料口分别开设于料槽尾部的上侧和头部下侧。

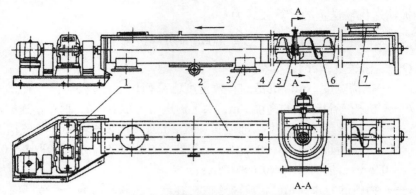

图 5-18　螺旋输送机的一般结构

1. 驱动装置；2. 盖板；3. 出料口；4. 料槽；5. 轴承；6. 螺旋体；7. 进料口

2. 螺旋输送机的主要部件

1）螺旋体

螺旋体是螺旋输送机实现物料输送的主要构件，它由螺旋叶片和螺旋轴两部分构成。常用的叶片有满面式（实体式）和带式两种型式；按叶片在轴上的盘绕方向不同又分为右旋和左旋两种（逆时针盘绕为左旋，顺时针盘绕为右旋）。螺旋体输送物料的方向由叶片旋向和轴的旋转方向决定。具体确定时，先确定叶片旋向，然后按左旋用右手、右旋用左手的原则，四指弯曲方向为轴旋转方向，大拇指伸直方向即为输送物料方向，如图 5-19 所示。同一螺旋体上如有两种旋向的叶片，可同时实现两个不同方向物料的输送。螺旋轴通常采用直径为 30～70mm 的空心钢管。

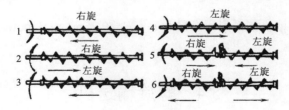

图 5-19　旋向和输送方向

螺旋体的主要规格尺寸为叶片直径 $D(\text{mm})$、轴直径 $d(\text{mm})$ 和螺距 $S(\text{mm})$，系列直径见表 5-8。螺旋叶片通常采用简易制造法，即用 1.5～4.0mm 厚的薄钢板冲压或剪切成带缺口的圆环，将圆环拉制成一个螺距的叶片，然后将若干个单独的叶片经焊接或铆接于螺旋轴，形成一个完整的螺旋叶片。图 5-20 所示为满面式叶片的展开示意图，圆环的尺寸（下料尺寸）用下面的公式计算：

$$R = \frac{L(D-d)}{2(L-l)} \tag{5-10}$$

$$r = \frac{l(D-d)}{2(L-l)} \tag{5-11}$$

$$\alpha = \frac{2\pi R - L}{2\pi R} \times 360° \tag{5-12}$$

式中，R——圆环的外圆直径（mm）；

r——圆环的内圆直径（mm）；

α——圆环的缺角（°）；

L——一个螺距叶片外螺旋线的长度（mm），$L = \sqrt{(\pi D)^2 + s^2}$，其中 s 为螺距；

l——一个螺距叶片内螺旋线的长度（mm），$l = \sqrt{(\pi d)^2 + s^2}$，其中 s 为螺距。

表 5-8　螺旋体和螺旋轴的系列直径　　　　（单位：mm）

慢速螺旋输送机		快速螺旋输送机	
螺旋叶片直径 D	螺旋轴直径 d	螺旋叶片直径 D	螺旋轴直径 d
100	30	80	30
120	36	100	30
160	36	120	30
200	42	140	36
250	48	160	36
320	60	180	42
400	70		

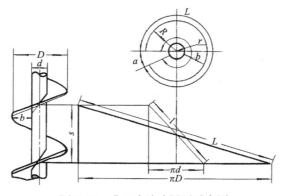

图 5-20　满面式叶片展开示意图

2）轴承

轴承是安装于机槽用于支承螺旋体的构件，按其安装位置和作用不同有头部轴承、尾部轴承和中间轴承。如图5-21所示，头部轴承主要由向心推力轴承、轴承座、轴承盖、油环等部分组成，它安装于头部卸料端，承受径向力和轴向力，所以其轴承应采用向心推力轴承；尾部轴承安装于尾部进料端，只承受径向力，采用向心球面轴承，结构较简单，如图5-22所示；对于螺旋轴在3m以上的螺旋输送机，为了避免螺旋轴发生弯曲，应安装中间轴承，中间轴承一般采用悬吊结构，且其横向尺寸应尽可能小，以免造成物料堵塞。

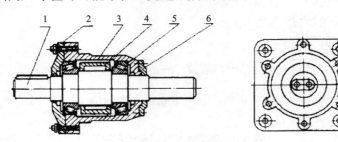

图 5-21　头部轴承

1.、2.、3. 推力轴承轴；4. 油环；5. 向心推力轴承；6. 压盖

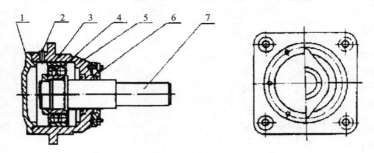

图 5-22　尾部轴承

1. 轴承盖；2. 弹子油环；3. 圆螺母；4. 双列向心球面轴承车；5. 轴承座；6. 压盖；7. 尾轴

3）料槽

水平慢速螺旋输送机的料槽通常用2～4mm厚的薄钢板制成。横断面两侧壁垂直，底部为半圆形，每节料槽的端部和侧壁上端均用角钢加固，以保证料槽的刚度，实现节与节间、顶部盖板与料槽间的连接，料槽底部应设置铸铁件或角钢焊接件的支承脚。底部半圆的内径应比螺旋叶片直径大4～8mm，如图5-23所示。垂直快速螺旋输送机的料槽横断面为圆形，通常采用薄壁无缝钢管制成。

3. 螺旋输送机的工作原理

螺旋叶片为螺旋形空间曲面，它是由一直线绕轴同时做旋转运动和直线运动

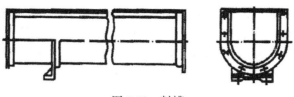

图 5-23 料槽

形成的。所以，螺旋输送机输送物料时就是利用固定的螺旋体旋转运动伴随的直线运动推动物料向前输送。物料呈螺旋线状向前运动，也就是在向前输送的同时伴随着圆周方向的翻滚运动。所以，水平慢速螺旋输送机的转速不能太大；而垂直快速螺旋输送机必须利用螺旋体的高速旋转使物料与料槽间形成足够的摩擦力，以克服叶片对物料的摩擦阻力及物料自身的重力，保证物料向上输送。

5.4.2 螺旋输送机的选用

1. 选用

1）型号表示

螺旋输送机的型号表示也是由四部分组成。例如，TLSS25 型螺旋输送机，其中：

T——专业代号（粮油机械通用设备）；

LS——品种代号（螺旋输送机）；

S——型式代号（S 为水平式，立式和移动式螺旋输送机的型式代号分别为 L 和 Y）；

25——规格代号[螺旋叶片的直径（cm）]。

2）主要性能特点

前面学习的斗提机、胶带输送机和刮板输送机在结构上有一个共同的特点，其主要结构均由驱动轮、张紧轮和挠性牵引构件组成，因此，通常称它们为具有挠性牵引构件的输送设备。本节所学习的螺旋输送机则不同，它是以一刚性的螺旋体作为主要构件而实现物料输送的，通常称它为具有刚性"牵引"构件的输送设备。

螺旋输送机俗称绞龙，是一种用于短距离水平或垂直方向输送散体物料的连续性输送机械。其主要特点是：结构简单、外形尺寸小、造价低、密封性好、可实现多点进卸料、对物料有搅拌混合作用；但其输送距离小、叶片和机壳易磨损、能耗较高、对物料破碎作用较强。根据其结构特点和性能，螺旋输送机通常用于粮油、饲料加工厂生产工艺过程中的物料输送。但应注意，它不宜输送大块的、含纤维性杂质较多的、磨损性很强、易破碎或易黏结的物料，以免造成堵塞和物料的破碎。按安装型式螺旋输送机可分为固定式和移动式；按输送方向或工作转速可分为水平慢速和垂直快速两种。工程实际中较常用的为固定式水平慢速螺旋输送机。

　　3）选用原则

　　选用螺旋输送机时，必须遵循输送设备选用的一般原则，同时还应考虑到以下几点：

　　（1）根据工艺要求不同选择合适的机型。水平或小倾角短距离输送应选用水平慢速（LSS 型）螺旋输送机；高度不大的垂直或大倾角输送，则应选用垂直快速（LSL 型）螺旋输送机。

　　（2）根据被输送物料的性质不同确定螺旋叶片型式。输送小麦、稻谷等散落性较好的物料时应选用满面式叶片；输送油料类黏性大、易黏结的物料时，为了防止堵塞，应选用带式叶片。应注意，输送原粮类和大米等物料，为了防止物料被破碎，一般不选用螺旋输送机。

　　（3）根据工艺设备的布置要求确定螺旋叶片的旋向、螺旋轴的转向及螺旋体的组合。输送机头尾端（进卸料端）的位置确定后，物料的输送方向即确定，螺旋叶片旋向和轴转向必须符合要求；如需中间或两端卸料，则应采用旋向不同的叶片组合成一个螺旋体。

　　（4）根据工艺要求的输送量确定螺旋输送机的型号规格。

　　选用螺旋输送机时可参考表 5-9、表 5-10。

表 5-9　慢速螺旋输送机的技术参数

特性		型号						
		LSS10	LSS12	LSS16	LSS20	LSS25	LSS32	LSS40
螺旋直径 D/mm		100	120	160	200	250	320	400
螺旋轴直径 d/mm		30	36	36	42	48	60	70
螺距 s/mm		80	100	130	160	200	260	320
转速 n/（r/min）		60～190	60～190	60～160	60～140	60～120	60～120	60～100
输送量/（t/h）	粒状物料	0.5～1.5	1.0～2.5	2.3～6.2	4.4～10.4	8.7～18.0	18.0～35.0	35.0～60.0
	粉状物料	0.16～0.52	0.35～0.93	0.81～2.15	1.56～3.50	3.0～6.0	6.0～12.0	12.0～21.0

表 5-10　快速螺旋输送机的技术参数

特性	型号					
	LSL8	LSL10	LSL12	LSL14	LSL16	LSL18
螺旋直径 D/mm	80	100	120	140	160	180
螺旋轴直径 d/mm	30	30	30	36	36	42
螺距 s/mm	70	80	100	110	130	150
转速 n/（r/min）	450～650	450～650	450～650	450～650	450～650	450～650

2. 选型计算

水平慢速螺旋输送机的输送量可用下式计算：

$$Q = 47D^2 ns\gamma\psi C \qquad (5\text{-}13)$$

式中，Q——输送量，t/h；

    D——螺旋叶片直径，m，应选用表 5-8 中的系列标准值；

    n——螺旋轴转速，r/mm；

    γ——物料容重，t/m³；

    ψ——装满系数，一般情况下，粮粒 $\psi = 0.25\sim0.4$，油料 $\psi = 0.25\sim0.35$，麸皮、米糠 $\psi = 0.25$，面粉 $\psi = 0.2$；

    s——螺旋叶片螺距，m，满面式叶片 $s = 0.8D$，带式叶片 $s = D$；

    C——倾斜输送时的修正系数，见表 5-11。

表 5-11　倾斜输送的修正系数

倾斜角 β	0°	5°	10°	15°	20°
修正系数 C	1	0.9	0.8	0.7	0.65

在已知输送量的前提下，确定叶片直径 D 后，可用下式计算螺旋轴转速：

$$n = \frac{Q}{47D^2 s\gamma\psi C} \qquad (5\text{-}14)$$

水平慢速螺旋输送机的螺旋轴转速 n 不能超过其极限转速，否则其对物料的搅拌作用将大大超过输送作用，甚至只对物料有搅拌作用而没有输送作用。极限转速的计算公式为

$$n \leqslant n_0 = \frac{A}{\sqrt{D}} \qquad (5\text{-}15)$$

式中，n_0——螺旋轴的极限转速，r/min；

    A——物料的综合特性系数，粮油类物料一般可取 $A=65$。

【例 5-4】　某面粉厂，用一水平慢速螺旋输送机输送小麦（$\gamma=0.75$t/m³），输送量为 15 t/h。试确定螺旋输送机的规格并计算叶片的下料尺寸。

解　根据 $Q=15$t/h，查表 11-9，选用叶片直径 $D=250$ mm；水平输送，$C=1$；采用满面式叶片 $s=0.8D=0.8\times0.25=0.2$（m）；取 $\psi=0.33$，$A=65$。

利用式（5-14）和式（5-15）得

$$n = \frac{Q}{47D^2 s\psi\gamma C} = \frac{15}{47 \times 0.25^2 \times 0.2 \times 0.33 \times 0.75 \times 1} = 103 \text{（r/min）}$$

$$n_0 = \frac{A}{\sqrt{D}} = \frac{65}{\sqrt{0.25}} = 130 \text{（r/min）}$$

$n < n_0$，符合要求。应选用 TLSS25 型螺旋输送机，D=250mm，d=48mm。下面进行叶片下料尺寸的计算：

$$L = \sqrt{(\pi D)^2 + s^2} = \sqrt{(3.14 \times 0.25)^2 + 0.2^2} = 0.81 \text{（m）}$$

$$l = \sqrt{(\pi d)^2 + s^2} = \sqrt{(3.14 \times 0.048)^2 + 0.2^2} = 0.25 \text{（m）}$$

$$R = \frac{L(D-d)}{2(L-l)} = \frac{0.81 \times (0.25 - 0.048)}{2 \times (0.81 - 0.25)} = 0.146 \text{（m）} = 146 \text{（mm）}$$

$$r = \frac{l(D-d)}{2(L-l)} = \frac{0.25(0.25 - 0.048)}{2(0.81 - 0.25)} = 0.045 \text{（m）} = 4.5 \text{（mm）}$$

$$\alpha = \frac{2\pi R - L}{2\pi R} \times 360° = \frac{2 \times 3.14 \times 0.146 - 0.81}{2 \times 3.14 \times 0.146} \times 360° = 41.96°$$

5.5　其他输送机械及其选用

5.5.1　溜管与滑槽

溜管又称为自流管，滑槽又称滑梯，它们是一种利用物料自身重力实现物料无动力降运的输送设备。溜管和滑槽是粮油、饲料加工厂生产过程中应用最广泛的一种特殊输送设备，生产工艺中几乎所有的物料降运都是依靠溜管完成的，它对生产工艺的连续性起着十分重要的作用。溜管用于输送散体物料，滑槽用于包装物料的输送。它们的主要特点是：结构简单，工作可靠，安装、维修、保养方便，不需动力；但输送距离受限制，只能由上向下输送物料，滑槽工作时对料包磨损较严重。

特定情况下，为了改善输送物料效果，防止堵塞，也可在溜管上安装一振动机构（如振动电机），这种溜管称为振动溜管。滑槽底板上也可安装辊道，即辊道滑槽。

1. 溜管、滑槽的结构

溜管一般采用薄钢板、木料或有机玻璃制成，其断面形状有圆形、方形和角形三种。较常用的是用薄钢板制成的圆形断面的预制管件，如图 5-24 所示。溜管安装时可采用预制的管件，根据其布置型式的要求任意连接固定。溜管件的壁厚按输送物料种类不同一般为：粒状物料 1.0～1.5mm，粉状物料 0.5～0.75mm。为了提高溜管的耐磨性，减小摩擦阻力，溜管内部可垫衬较厚的薄钢板或镀锌薄钢板。在溜管的适当部位应开设孔洞，并配以盖子，以便于观察和检修。溜管间或溜管与楼板及设备的连接处均采用法兰边加固。

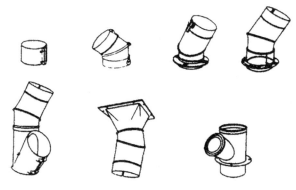

图 5-24　溜管预制件

有机玻璃溜管由于具有外形美观、密封性好、耐磨、透明且制造方便等优点，目前正被广泛采用。

常见的滑槽有平滑槽和螺旋滑槽两种，如图 5-25、图 5-26 所示。平滑槽一般用 30～50mm 厚的木板或用水泥制成，主要由一底板和两侧板构成。螺旋滑槽是一种带侧边的垂直放置的螺旋体，可实现粮包的垂直降运。

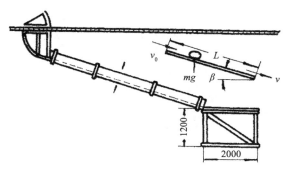

图 5-25　平滑槽

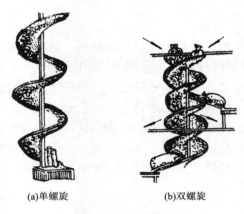

(a)单螺旋　　　　　　　　(b)双螺旋

图 5-26　螺旋滑槽

2. 溜管、滑槽的工作原理

溜管和滑槽输送物料的基本原理为平板斜面上物料的运动。物料在倾斜角为 α 的平板斜面上下滑，如物料与斜面间的摩擦角为 φ，根据运动学基本原理，使物料沿斜面下滑的基本条件是

$$A \geqslant \varphi \qquad\qquad (5\text{-}16)$$

利用运动学和动力学原理分析可知，要保证物料在溜管或滑槽中稳定下滑，物料应作匀加速运动，这样在输送过程中物料的末速度将较大。为了减少物料的破碎和管件的磨损，特别是滑槽输送包装物料末速度太大易发生安全事故，可采取一些缓冲措施，如图 5-27、图 5-28 所示。

也就是说，溜管和滑槽输送物料的最基本的工作条件是：溜管和滑槽的工作倾角不小于所输送物料对其的外摩擦角。

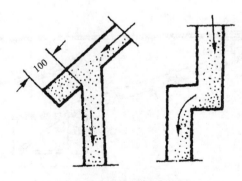

图 5-27　溜管的缓冲装置

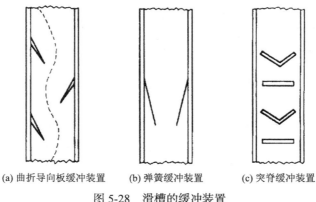

(a) 曲折导向板缓冲装置   (b) 弹簧缓冲装置   (c) 突脊缓冲装置

图 5-28　滑槽的缓冲装置

　　溜管的断面形状有圆形、方形和三角形三种。因物料在不同断面形状的溜管中其工作面不同，物料所受的外摩擦力不同，所以同一种物料在相同材料制成的断面形状不同的溜管中输送时，溜管的最小工作倾角不同，它们的相互关系为 $\alpha_{方}<\alpha_{圆}<\alpha_{角}$，其中方形溜管的工作倾角最小。

　　工程实际中，常常为避开其他设备而需将溜管安装成曲折管，此时为了防止产生堵塞和冲击现象，下支管的倾角必须大于上支管的倾角，且两支管倾角不能相差太大。

　　3. 溜管、滑槽的选用

　　1）溜管输送量的计算

　　理论上输送量可采用下式计算：

$$Q = 3600 S v \gamma \psi \qquad (5\text{-}17)$$

式中，Q——溜管输送量，t/h；

　　　　S——溜管断面积，m^2；

　　　　v——物料在溜管内的平均流速，m/s；

　　　　γ——物料容重，t/m^3；

　　　　ψ——物料的充满系数。因受气流及其他因素干扰，充满系数较小，一般情况下，粒状物料取 $\psi = 0.4 \sim 0.5$，粉状物料取 $\psi = 0.2 \sim 0.25$。

　　工程实际中，因经常开车、停车，而使溜管内物料流量突增而超过正常值。故设计中，溜管的实际输送量应大于理论计算值。

　　2）规格尺寸的确定

　　溜管的规格尺寸主要是指其横断面尺寸，对常用的圆形溜管即为溜管断面直径。溜管的规格尺寸应根据输送量确定，具体选用时可参考表 5-12。

表 5-12 溜管规格与输送量的关系

溜管材料	工厂生产率/（t/d）	清理车间	砻谷车间	制粉、碾米车间
薄钢板	100 以下	$\varphi125$	$\varphi125$	$\varphi125$
	100～200	$\varphi140$	$\varphi140$	$\varphi140$
	200～400	$\varphi140$	$\varphi160$	$\varphi140$
木板或玻璃板	100 以下	110×110	110×110	110×110
	100～200	125×125	125×125	125×125
	200～400	150×150	150×150	125×125

滑槽的规格尺寸主要是底板的宽度和侧板高度。一般情况下，底板宽度应较料包宽度大 100mm，侧板高度应不小于粮包厚度的 1/2。

3）工作倾角的确定

根据前面的分析，要保证物料的正常输送，同时又尽可能控制物料下降末速度，必须合理地确定溜管和滑槽的最小工作倾角。

溜管的工作倾角可参考表 5-13 确定。工程实际中，一般可取 $\alpha = \varphi + （10°～15°）$，$\varphi$ 为表 5-13 中的数值。采用玻璃溜管时的工作倾角与钢板溜管相同，滑槽的工作倾角可取 $a = \varphi + （5°～10°）$，φ 为表 5-14 中的数值。

表 5-13 溜管的摩擦角

物料	溜管材料	
	木板	钢板
小麦	29～30	27～31
1 皮磨产品	37～41	35～37
2 皮磨产品	38～41	35～40
3～5 皮磨产品	39～42	38～43
大粗粒	34～36	31～34
中粗粒	36～38	32～35
小粗粒	38～40	36～37
粗粉	40～44	38～41
大麸皮	39～42	37～38
小麸皮	40～42	37～40
心磨产品	44～46	41～43
心磨平筛上层筛上物	40～43	39～40

续表

物料	溜管材料	
	木板	钢板
心磨平筛下层筛上物	41～44	40～42
一等粉	43～45	41～42
标准粉	43～47	40～44
布筒收尘器收集物	46～50	42～46
清理车间下脚	38～40	34～36
清理车间灰尘	46～48	41～42
磨粉机排出物	45	45
玉米	24	24
豌豆	20～23	20～21
白米	40～43	36～39
糙米	30～36	25～30
稻米	36～38	32～33
米糠	47～50	43～47
谷壳	45～55	44～52

注：1. 表中数字下限为有初速的物料流动时的摩擦角，上限为物料由静止开始流动时的摩擦角；

　　2. 溜管内壁如采用内衬耐磨材料，则摩擦角应比表中所列数值大 3°；

　　3. 如粮食水分含量较高，则摩擦角应增大 4°～9°；

　　4. 如溜管连接于升运机头部时，其摩擦角可减少 3°～4°。

表 5-14　滑槽的摩擦角

物料	材料		
	钢板	木板	竹板
麻袋粮包	20°	20°	20°
面粉袋		9°～12°	

4）溜管实际工作倾角的确定

溜管实际工作倾角是指溜管轴线与水平面之间的夹角。在工程设计中，图纸中所表示的溜管倾角为投影角，为了能审核实际工作倾角是否符合要求，必须计算出溜管的实际工作倾角。

（1）几何计算法。如溜管在纵、横剖面设计图中的投影倾角分别为 α_1、α_2，利用几何的方法可得到溜管实际工作倾角的计算式为

$$\alpha = \mathrm{arccot}\sqrt{\left(\cot\alpha_1\right)^2 + \left(\cot\alpha_2\right)^2} \qquad （5\text{-}18）$$

（2）利用设备平面布置图计算。在实际设计中，利用设备的平面布置图和纵横剖面图，确定溜管的投影高度和水平投影长度。即将楼层高度减去溜管出口所连接设备的进口高度，得到溜管的投影高度 H，然后确定上层设备平面布置图上从设备出口至本楼层设备进口的水平投影长度 L，最后根据 $\tan\alpha = H/L$ 即可计算出溜管的实际工作倾角。

5.5.2　振动输送机

1. 振动输送机的工作原理

激振器是振动输送机的动力源，它产生周期性变化的激振力，使输送料槽产生持续振动，可分为机械式、电磁式等类型。

振动输送机工作时，其物料的运动过程是：当输送料槽向前运动时，依靠物料在料槽上的摩擦使物料与料槽同时向前运动；当输送料槽向后运动时，物料在料槽表面的摩擦力不足以使物料随料槽一起向后运动，而由物料惯性力的作用继续向前运动，如此持续不断地交变往复运动，便可达到输送物料的目的。

2. 振动输送机的选用

振动输送机可用于输送粒状和粉状物料。由于当物料进料不均匀时，它能很快地使物料均匀分配在料槽面，达到均匀输送状态，所以，振动输送机还可作为喂料机构和粮食清理分级机构使用。在粮食仓厂中，振动输送机主要用于：输送量较小、车间设备布置空间较小，不适宜采用胶带、刮板及螺旋输送机的场合，以及要求均匀进料的设备喂料机构和伴随物料输送兼有筛分、加热、干燥或冷却等工艺要求的流程中。

振动输送机的主要特点包括：结构较胶带、刮板、螺旋输送机简单、制造方便、价格便宜、占地面积小、维修管理方便；但输送能力低，特别是倾斜向上输送时，噪声和动荷较大，只能安装于底层地面上，动力消耗较胶带输送机、刮板输送机大。

附　　录

附录一　空气的 ρ、μ、ν 与温度 T 和湿度 φ 的关系值表（标准大气压下）

温度 $T/℃$	密度 $\rho/$（kg/m³）	动力黏度 $\mu/$（×10⁻⁶Pa·s）	运动黏度 $\nu/$（×10⁻⁶m²/s）	湿空气密度 $\rho/$（kg/m³）		
				相对湿度 φ		
				50%	75%	100%
−10	1.342	16.63	12.43	1.341	1.341	1.341
−9	1.337	16.75	12.56	1.336	1.336	1.336
−8	1.332	16.83	12.64	1.331	1.331	1.330
−7	1.327	16.88	12.73	1.326	1.326	1.325
−6	1.322	16.92	12.80	1.321	1.321	1.320
−5	1.317	16.98	12.90	1.316	1.316	1.315
−4	1.312	17.03	12.99	1.311	1.311	1.310
−3	1.307	17.08	13.11	1.306	1.305	1.305
−2	1.302	17.12	13.16	1.301	1.300	1.300
−1	1.298	17.18	13.24	1.297	1.296	1.295
0	1.293	17.25	13.33	1.292	1.291	1.290
1	1.288	17.30	13.42	1.286	1.286	1.285
2	1.284	17.35	13.51	1.282	1.281	1.281
3	1.279	17.38	13.60	1.277	1.276	1.275
4	1.274	17.42	13.69	1.272	1.271	1.270
5	1.270	17.47	13.77	1.268	1.267	1.266
6	1.265	17.51	13.86	1.263	1.262	1.261
7	1.260	17.56	13.95	1.258	1.256	1.255
8	1.257	17.60	14.02	1.254	1.253	1.252
9	1.252	17.65	14.12	1.249	1.248	1.247
10	1.247	17.70	14.21	1.244	1.246	1.241

温度 T/℃	密度 ρ/（kg/m³）	动力黏度 μ/（×10⁻⁶Pa·s）	运动黏度 v/（×10⁻⁶m²/s）	湿空气密度 ρ/（kg/m³）		
				相对湿度 φ		
				50%	75%	100%
11	1.243	17.75	14.30	1.240	1.238	1.237
12	1.238	17.80	14.39	1.235	1.238	1.232
13	1.234	17.85	14.49	1.231	1.229	1.227
14	1.230	17.90	14.57	1.226	1.224	1.223
15	1.226	17.95	14.66	1.222	1.219	1.218
16	1.221	18.00	14.75	1.217	1.215	1.213
17	1.217	18.05	14.84	1.213	1.210	1.208
18	1.213	18.10	14.93	1.208	1.206	1.204
19	1.208	18.15	15.03	1.203	1.201	1.198
20	1.205	18.20	15.12	1.200	1.197	1.195
21	1.201	18.24	15.20	1.195	1.193	1.190
22	1.196	18.28	15.30	1.190	1.187	1.184
23	1.193	18.32	15.39	1.187	1.184	1.180
24	1.188	18.37	15.48	1.181	1.178	1.175
25	1.185	18.42	15.57	1.178	1.174	1.171
26	1.181	18.47	15.67	1.174	1.170	1.166
27	1.177	18.52	15.76	1.169	1.165	1.161
28	1.172	18.56	15.84	1.164	1.160	1.155
29	1.169	18.60	15.94	1.160	1.156	1.152
30	1.165	18.65	16.04	1.156	1.151	1.147
31	1.161	18.70	16.13	1.151	1.146	1.141
32	1.157	18.75	16.22	1.147	1.142	1.137
33	1.153	18.8	16.32	1.142	1.137	1.131
34	1.149	18.85	16.42	1.138	1.132	1.126
35	1.146	18.90	16.50	1.134	1.128	1.122
36	1.142	18.95	16.6	1.129	1.123	1.117
37	1.138	19.00	16.69	1.125	1.118	1.111
38	1.134	19.04	16.79	1.120	1.113	1.106
39	1.131	19.08	16.90	1.116	1.109	1.101
40	1.128	19.12	16.98	1.112	1.105	1.097
41	1.124	19.16	17.08	1.108	1.099	1.091
42	1.120	19.20	17.18	1.103	1.094	1.086

温度 T/℃	密度 ρ/（kg/m³）	动力黏度 μ/（×10⁻⁶Pa·s）	运动黏度 ν/（×10⁻⁶m²/s）	湿空气密度 ρ/（kg/m³）		
				相对湿度 φ		
				50%	75%	100%
43	1.117	19.25	17.27	1.099	1.090	1.081
44	1.113	19.30	17.37	1.094	1.085	1.075
45	1.110	19.35	17.46	1.090	1.080	1.070
46	1.106	19.40	17.56	1.085	1.075	1.064
47	1.102	19.45	17.66	1.080	1.070	1.058
48	1.099	19.50	17.75	1.076	1.065	1.053
49	1.096	19.55	17.85	1.072	1.060	1.048
50	1.092	19.60	17.95	1.067	1.054	1.042

附录二　　除尘风管计算表

动压/（kg/m²）	风速/（m/s）	外径 D/mm											
		80	90	100	110	120	130	140	150	160	170	180	190
3.92	8.0	134	171	213	259	310	365	425	489	558	631	709	791
		0.350	0.300	0.261	0.231	0.206	0.186	0.169	0.155	0.143	0.132	0.123	0.115
4.43	8.5	142	182	226	275	329	388	451	519	592	670	753	840
		0.348	0.298	0.260	0.229	0.205	0.185	0.168	0.154	2.142	0.131	0.122	0.114
4.96	9.0	151	193	239	291	348	410	478	550	627	710	797	890
		0.345	0.296	0.258	0.228	0.204	0.184	0.167	0.153	0.141	0.131	0.122	0.114
5.53	9.5	159	203	253	308	368	433	504	580	662	749	842	939
		0.344	0.294	0.257	0.227	0.203	0.183	0.166	0.152	0.140	0.130	0.121	0.113
6.12	10.0	168	214	266	324	387	456	531	611	697	789	886	989
		0.342	0.293	0.255	0.226	0.202	0.182	0.166	0.152	0.140	0.129	0.120	0.112
6.75	10.5	176	225	279	340	406	479	557	642	732	828	930	1038
		0.340	0.291	0.254	0.225	0.201	0.181	0.165	0.151	0.139	0.129	0.120	0.112
7.41	11.0	184	235	293	356	426	502	584	672	767	867	974	1088
		0.339	0.290	0.253	0.224	0.200	0.180	0.164	0.150	0.138	0.128	0.119	0.111
8.10	11.5	193	246	306	372	445	524	610	703	801	907	1019	1137
		0.337	0.289	0.252	0.223	0.199	0.180	0.163	0.150	0.138	0.128	0.119	0.111
8.82	12.0	201	257	319	388	464	547	637	733	836	946	1063	1187
		0.336	0.288	0.251	0.222	0.198	0.179	0.163	0.149	0.137	0.127	0.118	0.111

动压/ （kg/m²）	风速/ （m/s）	外径 D/mm											
		80	90	100	110	120	130	140	150	160	170	180	190
9.57	12.5	210 0.335	268 0.287	333 0.250	405 0.221	484 0.198	570 0.178	663 0.162	764 0.149	871 0.137	986 0.127	1107 0.118	1236 0.110
10.35	13.0	218 0.334	278 0.286	346 0.249	421 0.220	503 0.197	593 0.178	690 0.162	794 0.148	906 0.136	1025 0.126	1152 0.118	1285 0.110
11.16	13.5	226 0.333	289 0.285	359 0.249	437 0.220	523 0.196	616 0.177	716 0.161	825 0.148	941 0.136	1065 0.126	1196 0.117	1335 0.110
12.01	14.0	235 0.332	300 0.284	372 0.248	453 0.219	542 0.196	638 0.177	743 0.161	855 0.147	976 0.136	1104 0.126	1240 0.117	1384 0.109
12.88	14.5	243 0.331	310 0.284	386 0.247	469 0.219	561 0.195	661 0.176	769 0.160	886 0.147	1011 0.135	1143 0.125	1284 0.117	1434 0.109
13.78	15.0	251 0.330	321 0.283	399 0.247	486 0.218	581 0.195	684 0.176	796 0.160	916 0.147	1045 0.135	1183 0.125	1329 0.116	1483 0.109
14.72	15.5	260 0.329	332 0.282	412 0.246	502 0.217	600 0.194	707 0.175	823 0.160	947 0.146	1080 0.135	1222 0.125	1373 0.116	1533 0.108
15.68	16.0	268 0.328	342 0.281	426 0.245	518 0.217	619 0.194	730 0.175	849 0.159	978 0.146	1115 0.134	1262 0.124	1417 0.116	1582 0.108
16.68	16.5	277 0.328	353 0.281	439 0.245	534 0.216	639 0.194	752 0.175	876 0.159	1008 0.146	1150 0.134	1301 0.124	1462 0.116	1631 0.108
17.70	17.0	285 0.327	364 0.280	452 0.244	550 0.216	658 0.193	775 0.174	902 0.159	1039 0.145	1185 0.134	1341 0.124	1506 0.115	1681 0.108
18.76	17.5	293 0.326	375 0.280	466 0.244	566 0.216	677 0.193	798 0.174	929 0.158	1069 0.145	1220 0.134	1380 0.124	1550 0.115	1730 0.108
19.85	18.0	302 0.326	385 0.279	479 0.243	583 0.215	697 0.192	821 0.174	955 0.158	1100 0.145	1254 0.133	1419 0.123	1594 0.115	1780 0.107
20.96	18.5	310 0.325	396 0.279	492 0.243	599 0.215	716 0.192	844 0.173	982 0.158	1130 0.144	1289 0.133	1459 0.123	1639 0.115	1829 0.107
22.11	19.0	319 0.325	407 0.278	505 0.243	615 0.214	735 0.192	866 0.173	1008 0.157	1161 0.144	1324 0.133	1498 0.123	1683 0.114	1879 0.107
23.29	19.5	327 0.324	417 0.278	519 0.242	631 0.214	755 0.191	889 0.173	1035 0.157	1191 0.144	1359 0.133	1538 0.123	1727 0.114	1928 0.107
24.50	20.0	335 0.324	428 0.277	532 0.242	647 0.214	774 0.191	912 0.173	1061 0.157	1222 0.144	1394 0.132	1577 0.123	1772 0.114	1977 0.107

续表

动压/ （kg/m²）	风速/ （m/s）	外径 D/mm									
		200	210	220	240	250	260	280	300	320	340
3.92	8.0	878 0.108	969 0.1010	1065 0.0956	1271 0.0857	1380 0.0815	1494 0.0707	1736 0.0707	1995 0.0649	2273 0.0599	2569 0.0556
4.43	8.5	933 0.107	1030 0.1010	1132 0.0950	1350 0.0852	1466 0.0809	1587 0.0771	1844 0.0703	2120 0.0645	2415 0.0569	2729 0.0553
4.96	9.0	988 0.106	1090 0.1000	1198 0.0944	1429 0.0847	1552 0.0805	1681 0.0766	1953 0.0699	2245 0.0642	2557 0.0592	2890 0.0549
5.53	9.5	1042 0.106	1151 0.0996	1265 0.0939	1509 0.0842	1639 0.0801	1774 0.0762	2061 0.0695	2369 0.0638	2700 0.0589	3051 0.0547
6.12	10.0	1097 0.105	1212 0.0991	1331 0.0935	1588 0.0838	1725 0.0797	1867 0.0759	2169 0.0692	2494 0.0635	2841 0.0586	3211 0.0544
6.75	10.5	1152 0.105	1272 0.0987	1398 0.0931	1668 0.0835	1811 0.0793	1961 0.0755	2278 0.0689	2619 0.0632	2983 0.0584	3372 0.0542
7.41	11.0	1207 0.104	1333 0.0982	1465 0.0927	1747 0.0831	1897 0.0790	2054 0.0752	2386 0.0686	2743 0.0630	3125 0.0581	3532 0.0539
8.10	11.5	1262 0.104	1393 0.0979	1531 0.0923	1826 0.0828	1984 0.0787	2148 0.0749	2495 0.0683	2868 0.0627	3267 0.0578	3693 0.0537
8.82	12.0	1317 0.104	1454 0.0975	1598 0.0920	1906 0.0825	2070 0.0784	2241 0.0747	2603 0.0681	2993 0.0625	3409 0.0577	3853 0.0535
9.57	12.5	1372 0.103	1514 0.0972	1664 0.0917	1985 0.0822	2156 0.0781	2334 0.0744	2712 0.0679	3118 0.0623	3552 0.0575	4014 0.0534
10.35	13.0	1426 0.103	1575 0.0969	1731 0.0914	2065 0.0820	2242 0.0779	2428 0.0742	2820 0.0677	3242 0.0621	3694 0.0573	4174 0.0532
11.16	13.5	1481 0.103	1636 0.0966	1797 0.0911	2144 0.0817	2329 0.0777	2521 0.0740	2929 0.0675	3367 0.0619	3836 0.0572	6335 0.0530
12.01	14.0	1536 0.102	1696 0.0963	1864 0.0909	2223 0.0815	2415 0.0775	2614 0.0738	3037 0.0673	3492 0.0618	3978 0.0570	4496 0.0529
12.88	14.5	1591 0.102	1757 0.0961	1931 0.0907	2287 0.0813	2484 0.0773	2708 0.0736	3116 0.0671	3616 0.0616	4120 0.0569	4656 0.0528
13.78	15.0	1646 0.102	1817 0.0958	1997 0.0904	2382 0.0811	2587 0.0771	2801 0.0734	3254 0.0669	3741 0.0614	4262 0.0567	4817 0.0526
14.72	15.5	1701 0.102	1878 0.0956	2064 0.0902	2462 0.0809	2674 0.0799	2895 0.0732	3363 0.0668	3866 0.0613	4440 0.0566	4977 0.0525
15.68	16.0	1756 0.101	1938 0.0954	2130 0.0900	2541 0.0807	2760 0.0767	2988 0.0731	3471 0.0666	3990 0.0612	4546 0.0565	5138 0.0524

动压/(kg/m²)	风速/(m/s)	外径 D/mm									
		200	210	220	240	250	260	280	300	320	340
16.68	16.5	1811	1999	2197	2620	2846	3081	3580	4115	4688	5298
		0.101	0.0952	0.0898	0.0806	0.0766	0.0729	0.0665	0.0610	0.0654	0.0523
17.70	17.0	1865	2060	2263	2700	2932	3175	3688	4240	4830	5459
		0.101	0.0950	0.0896	0.0804	0.0764	0.0728	0.0664	0.0609	0.0562	0.0522
18.76	17.5	1920	2120	2330	2779	3619	3268	3796	4365	4972	5619
		0.101	0.0948	0.0895	0.0802	0.0763	0.0726	0.0662	0.0608	0.0561	0.0521
19.85	18.0	1975	2181	2397	2859	3105	3361	3905	4489	5114	5780
		0.101	0.0946	0.0893	0.0801	0.0761	0.0725	0.0661	0.0607	0.0560	0.0520
20.96	18.5	2030	2241	2463	2938	3191	3455	4014	4614	5256	5941
		0.100	0.0945	0.0891	0.0800	0.0760	0.0724	0.0660	0.0606	0.0559	0.0519
22.11	19.0	2085	2302	2530	3017	3277	3548	4122	4739	5398	6101
		0.100	0.0943	0.0890	0.0798	0.0759	0.0722	0.0659	0.0605	0.0559	0.0518
23.29	19.5	2140	2362	2596	3097	3364	3632	4230	4863	5540	6262
		0.100	0.0942	0.0888	0.0797	0.0757	0.0721	0.0658	0.0604	0.0558	0.0517
24.50	20.0	2195	2423	2663	3176	3450	3735	4339	4988	5683	6422
		0.100	0.0940	0.0887	0.0796	0.0756	0.0720	0.0657	0.0603	0.0557	0.0517

动压/(kg/m²)	风速/(m/s)	外径 D/mm									
		360	380	400	420	450	480	500	530	560	600
3.92	8.0	2883	3250	3565	3933	4520	5147	5587	6258	6992	8035
		0.0518	0.0485	0.0455	0.0428	0.0394	0.0364	0.0346	0.0323	0.0302	0.0278
4.43	8.5	3063	3416	3788	4179	4802	5468	5936	6649	7430	8537
		0.0515	0.0482	0.0452	0.0626	0.0398	0.0362	0.0344	0.0321	0.0300	0.0276
4.96	9.0	3243	3617	4011	4425	5085	5790	6286	7041	7867	9039
		0.0512	0.0479	0.0450	0.0423	0.0990	0.0360	0.0342	0.0319	0.0298	0.0274
5.53	9.5	3423	3818	4233	4671	5367	6112	6635	7432	8304	9541
		0.0509	0.0476	0.0447	0.0421	0.0387	0.0358	0.0340	0.0918	0.0297	0.0273
6.12	10.0	3604	4019	4456	4917	5649	6433	6984	7823	8741	10040
		0.0507	0.0474	0.0445	0.0149	0.0385	0.0356	0.0339	0.0316	0.0296	0.0272
6.75	10.5	3784	4220	4679	5162	5932	6755	7333	8214	9178	10550
		0.0505	0.0472	0.0443	0.0417	0.0384	0.0350	0.0337	0.0315	0.0294	0.0271
7.41	11.0	3964	4420	4902	5408	6214	7077	7682	8605	9615	11050
		0.0503	0.0470	0.0441	0.0416	0.0382	0.0353	0.0336	0.0313	0.0293	0.0269
8.10	11.5	4144	4621	5125	5654	6497	7398	8032	8996	10050	11550
		0.0501	0.0468	0.0440	0.0414	0.0381	0.0352	0.0335	0.0312	0.0292	0.0268

续表

动压/ (kg/m²)	风速/ (m/s)	外径 D/mm									
		360	380	400	420	450	480	500	530	560	600
8.82	12.0	4324	4822	5348	5900	6779	7720	8381	9387	10490	12050
		0.0499	0.0467	0.0438	0.0413	0.0379	0.0350	0.0333	0.0311	0.0291	0.0268
9.57	12.5	4504	5023	5570	6146	7062	8042	7830	9779	10930	12550
		0.0497	0.0425	0.0437	0.0411	0.0378	0.0349	0.0332	0.0310	0.0290	0.0267
10.35	13.0	4685	5224	5793	6392	7344	8368	9079	10170	11360	13060
		0.0496	0.0464	0.0436	0.0410	0.0377	0.0348	0.0331	0.0309	0.0289	0.0266
11.16	13.5	4865	5425	6016	6637	7627	8685	9428	10560	11800	1356
		0.0494	0.0463	0.0434	0.0409	0.0376	0.0347	0.0330	0.0308	0.0288	0.0265
12.01	14.0	5045	5626	6239	6883	7909	9007	9778	10950	12240	14060
		0.0493	0.0461	0.0433	0.0408	0.0375	0.0346	0.0329	0.0308	0.0288	0.0264
12.88	14.5	5225	5827	6462	7129	8192	9328	10130	11340	12670	14560
		0.0492	0.0460	0.0432	0.0407	0.0374	0.0345	0.0329	0.0307	0.0287	0.0264
13.78	15.0	5405	6028	6684	7375	8474	9650	10480	11930	13110	15070
		0.0491	0.0459	0.0431	0.0406	0.0373	0.0345	0.0328	0.0306	0.0286	0.0263
14.72	15.5	5585	6229	6907	7621	8757	9972	10830	12130	13550	15570
		0.0489	0.0458	0.0430	0.0405	0.0372	0.0344	0.0327	0.0305	0.0286	0.0262
15.68	16.0	5766	6430	7130	7867	9039	10290	11170	12520	13980	16070
		0.0488	0.0457	0.0429	0.0404	0.0371	0.0342	0.0326	0.0305	0.0285	0.0262
16.68	16.5	5946	6631	7353	8012	9322	10610	11520	12910	14420	1657
		0.0487	0.0456	0.0428	0.0403	0.0371	0.0342	0.0326	0.0304	0.0284	0.0261
17.70	17.0	6126	6832	7576	8358	9604	10940	11870	13300	14860	17070
		0.0486	0.0455	0.0427	0.0402	0.0370	0.0342	0.0325	0.0303	0.0284	0.0261
18.76	17.5	6306	7033	7799	8604	9887	11260	12220	13690	15300	17580
		0.0485	0.0454	0.0426	0.0402	0.0369	0.0341	0.0325	0.0303	0.0283	0.0260
19.85	18.0	6486	7233	8021	8850	10170	11580	12570	14080	15730	18080
		0.0485	0.0453	0.0426	0.0401	0.0368	0.0340	0.0324	0.0302	0.0283	0.0262
20.96	18.5	6667	7434	8244	9096	10450	11900	12920	14470	16170	18580
		0.0484	0.0453	0.0425	0.0400	0.0368	0.0340	0.0323	0.0302	0.0282	0.0260
22.11	19.0	6847	7635	8467	9342	10730	12220	13270	14860	1661	1908
		0.0483	0.0452	0.0424	0.0400	0.0367	0.0339	0.0323	0.0301	0.0282	0.0259
23.29	19.5	7027	7836	8690	9587	11020	12540	13620	15250	17040	19580
		0.0482	0.0451	0.0424	0.0399	0.0367	0.0339	0.0322	0.0301	0.0281	0.0259
24.50	20.0	7207	8037	8913	9833	11300	12870	13970	15650	1748	20090
		0.0482	0.0451	0.0423	0.0398	0.0366	0.0338	0.0322	0.0301	0.0281	0.0258

注：上行. 风量，m³/h；下行.λ/d，d 为内径。摘自《全国通用通风管道计算表》
文献来源：北京市设备安装工程公司. 全国通用通风管道计算表. 中国建筑工业出版社，1977。

附录三　局部构件的局部阻力系数表

一、弯头阻力系数表

R	ζ								
	α								
	7.5°	15°	30°	60°	75°	90°	120°	150°	180°
1.0D	0.028	0.058	0.110	0.180	0.205	0.230	0.270	0.300	0.330
1.5D	0.021	0.044	0.081	0.140	0.160	0.180	0.200	0.220	0.250
2.0D	0.018	0.037	0.069	0.120	0.135	0.150	0.170	0.190	0.210
2.5D	0.016	0.033	0.061	0.100	0.115	0.130	0.150	0.170	0.180
3.0D	0.014	0.029	0.054	0.091	0.105	0.120	0.130	0.150	0.160
6.0D	0.010	0.021	0.038	0.064	0.073	0.083	0.100	0.110	0.120
10.0D	0.008	0.016	0.030	0.051	0.058	0.066	0.076	0.084	0.092

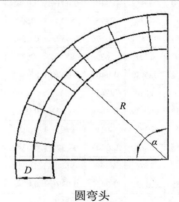

圆弯头

二、渐扩、渐缩管阻力系数表

名称	图形	ζ 值						
		A_2/A_1	α					
			10°	15°	20°	25°	30°	45°
圆形渐扩管		1.25	0.01	0.02	0.03	0.03	0.04	0.04
		1.50	0.03	0.07	0.10	0.11	0.12	0.12
		1.75	0.05	0.14	0.17	0.18	0.19	0.19
		2.00	0.06	0.18	0.20	0.22	0.25	0.25
		2.25	0.08	0.22	0.27	0.29	0.31	0.31
		2.50	0.09	0.25	0.30	0.33	0.36	0.36

续表

名称	图形	ζ值					
矩形渐扩管			双面偏			单面偏		
		a_2/a_1	2.08～2.00	1.67～1.56	1.33～1.25	2.08～2.00	1.67～1.56	1.33～1.25
		ζ	0.16	0.09	0.02	0.28	0.17	0.05

名称	图形	ζ值					
圆形渐缩管		ζ			α		
			10°	15°	20°	25°	30°
		1.25	0.22	0.27	0.31	0.36	0.40
		1.50	0.31	0.39	0.45	0.51	0.57
		1.75	0.43	0.53	0.61	0.70	0.77
		2.00	0.56	0.69	0.80	0.91	1.01

名称	图形	ζ值					
矩形渐缩管			双面偏			单面偏		
		a_2/a_1	2.08～2.00	1.67～1.56	1.33～1.25	2.08～2.00	1.67～1.56	1.33～1.25
		ζ	0.09	0.08	0.04	0.11	0.10	0.05

三、吸风罩的压损系数表

名称	图形	ζ值										
吸风罩		L/D					α					
			30°		45°		60°		90°		120°	
			ζ_A	ζ_B	ζ_A	ζ_B	ζ_A	ζ_B	ζ_A	ζ_B	ζ_A	ζ_B
		0.05	0.08	0.35	0.75	0.3	0.65	0.3	0.6	0.35	0.5	0.4
		0.1	0.55	0.25	0.45	0.2	0.4	0.18	0.4	0.25	0.4	0.3
		0.2	0.35	0.2	0.3	0.16	0.22	0.15	0.22	0.22	0.25	0.3
		0.3	0.3	0.15	0.2	0.15	0.2	0.13	0.2	0.2	0.25	0.35
		0.6	0.15	0.12	0.13	0.08	0.13	0.12	0.15	0.15	0.2	0.25
		1.0	0.1	0.1	0.1	0.05	0.1	0.1	0.13	0.1	0.13	0.25

四、闸板、蝶阀的压损系数表

名称	图形	ζ 值										
闸板	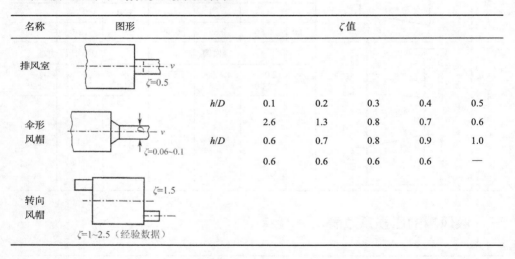	h/D	0.1	0.2	0.3	0.4	0.5	0.6	0.7	0.8	0.9	1.0
		圆形管	97.8	35	10	4.6	2.06	0.98	0.44	0.17	0.06	0.05
		矩形管	193	44.6	17.8	8.12	4.0	2.1	0.95	0.39	0.29	0
蝶阀		α	0°	5°	10°	15°	30°	45°	60°	70°	90°	
		圆形管	0.05	0.3	0.52	0.9	3.91	18.7	118	751	∞	
		矩形管	0.05	0.28	0.45	0.77	3.54	15	77.4	368	∞	

五、排风室、风帽的压损系数表

名称	图形	ζ 值				
排风室	ζ=0.5					
伞形风帽	ζ=0.06~0.1	h/D	0.1	0.2	0.3	0.4	0.5
			2.6	1.3	0.8	0.7	0.6
		h/D	0.6	0.7	0.8	0.9	1.0
			0.6	0.6	0.6	0.6	—
转向风帽	ζ=1.5　ζ=1~2.5（经验数据）						

附录四　吸气三通的阻力系数表

图形	α	D_2/D_3	v_3/v_2								
			0.6	0.8	0.9	1.0	1.1	1.2	1.3	1.4	1.6
	30°	1.0	0.60	0.55	0.49	0.45	0.37	0.30	0.20	0.15	0.15
			−0.85	−0.15	0.01	0.15	0.23	0.30	0.34	0.35	0.40
		1.2	0.47	0.42	0.37	0.35	0.29	0.22	0.12	0.07	−0.18
			−1.03	−0.23	−0.05	0.12	0.21	0.30	0.38	0.38	0.43
		1.4	0.35	0.30	0.27	0.25	0.21	0.15	0.05	0.00	−0.20
			−1.2	−0.3	−0.10	0.10	0.20	0.30	0.37	0.00	0.45

图形	α	D_2/D_3	v_3/v_2								
			0.6	0.8	0.9	1.0	1.1	1.2	1.3	1.4	1.6
	30°	2.0	0.15	0.15	0.13	0.10	0.07	0.05	−0.10	−0.05	−0.15
			−1.45	−0.4	−0.17	0.05	0.18	0.30	0.40	0.45	0.50
		3.0	0.05	0.05	0.05	0.05	0.02	0.00	−0.30	−0.05	−0.10
			−1.6	−0.5	−0.22	−0.05	0.18	0.30	0.40	0.45	0.55
	45°	1.0	0.65	0.65	0.63	0.60	0.58	0.58	0.45	0.40	0.25
			−0.70	0.00	0.16	0.30	0.38	0.45	0.49	0.50	0.55
		1.2	0.49	0.49	0.49	0.47	0.45	0.42	0.39	0.30	0.17
			−0.90	−0.10	0.08	0.24	0.34	0.42	0.48	0.50	0.55
		1.4	0.35	0.35	0.35	0.35	0.33	0.30	0.26	0.20	0.10
			−1.1	−0.2	0.00	0.20	0.30	0.40	0.47	0.50	0.55
		2.0	0.20	0.20	0.18	0.15	0.13	0.12	0.11	0.10	0.00
			−1.40	−0.35	−0.12	0.10	0.23	0.38	0.45	0.50	0.60
		3.0	0.10	0.10	0.08	0.05	0.05	0.05	0.02	0.00	0.00
			−1.60	−0.50	−0.22	0.05	0.21	0.35	0.45	0.50	0.60
	60°	1	0.7	0.7	0.7	0.7	0.6	0.65	0.63	0.6	0.5
			−0.6	0.1	0.28	0.4	0.48	0.5	3.56	0.6	0.65
		1.4	0.4	0.4	0.4	0.4	0.38	0.35	0.33	0.3	0.2
			−1.05	−0.15	0.1	0.25	0.38	0.45	0.52	0.55	0.65
		2	0.2	0.2	0.2	0.2	0.2	0.2	0.18	0.15	0.1
			−1.25	−0.3	−0.1	0.1	0.3	0.4	0.48	0.55	0.65
		3	0.1	0.1	0.1	0.1	0.1	0.1	0.08	0.05	0
			−1.05	−0.45	−0.12	0.1	0.26	0.35	0.44	0.5	0.6
		4	0.05	0.05	0.05	0.05	0.05	0.05	0.05	0.05	0
			−1.65	−0.5	−0.2	0.05	0.19	0.3	0.42	0.5	0.6

附录五　离心式通风机性能参数

一、4-72 型离心式通风机性能表

机号 No.	转速/ （r/min）	序号	全压/Pa	风量/ （m³/h）	效率/%	传动方式	电动机	
							功率/kW	型号
2.8	2900	1	994	1131	82.4	A	1.5	Y90S-2
		2	966	1310	86			
		3	933	1480	89.5			
		4	887	1659	91			
		5	835	1828	91			
		6	770	2007	88.5			
		7	702	2177	85.5			
		8	303	2356	82.4			
3.2	2900	1	1300	1688	82.4	A	2.2	Y90S-2
		2	1263	1955	86			
		3	1220	2209	89.5			
		4	1160	2476	91			
		5	1091	2729	91			
		6	1006	2996	88.5			
		7	918	3250	85.5			
		8	792	3517	82.4			
3.6	2900	1	1578	2664	82.4	A	3.0	Y100L-2
		2	1531	3045	86			
		3	1481	3405	89.5			
		4	1419	3786	91			
		5	1343	4146	91			
		6	1256	4527	88.5			
		7	1144	4887	85.5			
		8	989	5268	82.4			
4	2900	1	2014	4012	82.4	A	5.5	Y132S1-2
		2	1969	4506	86			
		3	1915	4973	89.5			
		4	1830	5468	91			
		5	1723	5962	91			
		6	1606	6457	88.5			
		7	1459	6924	85.5			
		8	1320	7419	82.4			
4.5	2900	1	2554	5712	82.4	A	7.5	Y132S2-2
		2	2497	6416	86			
		3	2428	7081	89.5			

续表

机号 No.	转速/（r/min）	序号	全压/Pa	风量/（m³/h）	效率/%	传动方式	功率/kW	型号
4.5	2900	4	2320	7785	91	A	7.5	Y132S2-2
		5	2184	8489	91			
		6	2036	9194	88.5			
		7	1849	9859	85.5			
		8	1849	9859	82.4			
5	2900	1	3178	7728	10.02	A	15	Y160M2-2
		2	3145	8855	10.76			
		3	3074	9928	11.39			
		4	2962	11054	12.04			
		5	2792	12128	12.44			
		6	2567	13255	12.72			
		7	2335	14328	12.90			
		8	2019	15455	12.75			
5.5	2900	1	1010	5142	2.02	A	4	Y112M-4
		2	951	5893	2.17			
		3	930	6607	2.29			
		4	896	7357	2.42			
		5	845	8071	2.50			
		6	777	8821	2.56			
		7	706	9535	2.60			
		8	611	10285	2.57			
5.5	2900	1	4040	10285	16.14	A	18.5	Y160L-2
		2	3805	11786	17.33			
		3	3720	13214	18.34			
		4	3584	14713	19.39	A	22	Y160M-2
		5	3378	16142	20.03			
		6	3106	17642	20.49			
		7	2825	19070	20.78			
		8	2443	20570	20.53			
6	960	1	498	4420	1.10	A	1.5	Y100L-6
		2	492	5065	1.18			
		3	481	5679	1.25			
		4	463	6324	1.32			
		5	437	6938	1.37			
		6	402	7582	1.40			
		7	366	8196	1.32			
		8	317	8841	1.30			
6	1450	1	1139	6677	3.25	A	4	Y112M-4
		2	1124	7650	3.49			
		3	1099	8575	3.70			

续表

机号 No.	转速/ （r/min）	序号	全压/Pa	风量/ （m³/h）	效率/%	传动方式	电动机	
							功率/kW	型号
6	1450	4	1059	9551	3.91	A	4	Y112M-4
		5	999	10478	4.04			
		6	919	11452	4.13			
		7	836	12379	4.19			
		8	724	13353	4.14			
6	2240	1	2734	10314	12.10	C	15	Y160L-4
		2	2698	11818	12.98			
		3	2637	13251	13.74			
		4	2541	14755	14.53			
		5	2396	16187	15.02			
		6	2202	17692	15.36			
		7	2004	19124	15.57			
		8	1733	20628	15.89			
6	2600	1	3683	11972	18.92	C	30	Y200L1-2
		2	3634	13717	20.30			
		3	3553	15380	21.49			
		4	3423	17126	22.72			
		5	3228	18788	23.49			
		6	2967	20535	24.02			
		7	2700	22197	24.35			
		8	2334	23943	24.85			

注：所需功率即通过 $H_{风机}$、$Q_{风机}$、$\eta_{风机}$ 以及安全系数 K 计算的电动机功率。

二、4-79 型离心式通风机性能表

机号 No.	转速/ （r/min）	序号	全压/Pa	风量/ （m³/h）	效率/%	传动方式	电动机	
							功率/kW	型号
3	2900	1	1220	1970	83	A	1.5	Y90S-2
		2	1190	2180	84			
		3	1180	2430	86			
		4	1140	2670	87			
		5	1090	2900	86			
		6	1060	3130	84			
		7	910	3480	81			
		8	740	3830	79			
3.5	2900	1	1660	3120	83	A	3	Y100L-2
		2	1620	3460	84			
		3	1600	3860	86			
		4	1540	4240	87			
		5	1490	4600	86			
		6	1450	4960	84			

机号 No.	转速/（r/min）	序号	全压/Pa	风量/（m³/h）	效率/%	传动方式	电动机 功率/kW	电动机 型号
3.5	2900	7	1230	5520	81	A	3	Y100L-2
		8	1000	6070	79			
4	2900	1	2180	4670	83	A	5.5	Y132S1-2
		2	2120	5220	84			
		3	2090	5760	86			
		4	2020	6310	87			
		5	1940	6860	86			
		6	1890	7410	84			
		7	1610	8240	81			
		8	1300	9080	79			
4.5	2900	1	2750	6640	83	A	11	Y160M1-2
		2	2680	7440	84			
		3	2650	8200	86			
		4	2560	8990	87			
		5	2460	9790	86			
		6	2390	10550	84			
		7	2040	11720	81			
		8	1650	12920	79			
5	2900	1	3400	9100	83	A	15	Y160M2-2
		2	3320	10200	84			
		3	3280	11250	86			
		4	3160	12350	87			
		5	3040	13410	86			
		6	2960	14480	84			
		7	2520	16100	81			
		8	2040	17720	79			
5	1450	1	850	4560	83	A	2.2	Y100L1-4
		2	830	5100	84			
		3	820	5630	86			
		4	790	6180	87			
		5	760	6710	86			
		6	740	7240	84			
		7	630	8000	81			
		8	510	8860	79			
6	1450	1	1220	7890	83	A	5.5	Y112M-4
		2	1200	8820	84			
		3	1180	9740	86			
		4	1140	10700	87			
		5	1090	11600	86			
		6	1060	12520	84			
		7	910	13920	81			
		8	720	15320	79			

三、5-48 型离心式通风机性能表

机号 No.	转速/ （r/min）	序号	全压/Pa	风量/ （m³/h）	效率/%	传动方式	电动机	
							功率/kW	型号
5	2900	1	3010	5360	80	D	7.5	Y132S2-2
		2	3010	6010	85			
		3	2991	6650	89			
		4	2883	7300	90.5			
		5	2726	7940	90		11	Y160M1-2
		6	2569	8580	89			
		7	2383	9230	86			
		8	2059	9870	80			
5.5	2900	1	3648	7140	80	D	15	Y160M2-2
		2	3648	8000	85			
		3	3609	8850	89			
		4	3491	9700	90.5			
		5	3393	10530	90			
		6	3109	11400	89			
		7	2893	12300	86			
		8	2491	13200	80			
6	2900	1	4335	9260	80	D	5.5	Y180M-2
		2	4335	10390	85			
		3	4295	11500	89			
		4	4148	12600	90.5			
		5	3923	13700	90			
		6	3697	14800	89			
		7	3442	15950	86			
		8	2962	17050	80			

四、4-68 型离心式通风机性能表

机号 No.	转速/ （r/min）	序号	全压/Pa	风量/ （m³/h）	内效率/%	传动方式	电动机	
							功率/kW	型号
3.55	2900	1	1608	2708	81.1	A	3	Y100L-2
		2	1608	3092	85.3			
		3	1569	3477	88.1			
		4	1510	3861	89.4			
		5	1402	4245	87.8			
		6	1265	4629	82.5			
		7	1108	5013	76.7			
4	2900	1	2069	3984	82.3	A	4	Y112M-2
		2	2060	4534	86.2			
		3	2010	5083	88.9			

机号 No.	转速/ （r/min）	序号	全压/Pa	风量/ （m³/h）	内效率/%	传动方式	电动机	
							功率/kW	型号
4	2900	4	1932	5633	90	A	4	Y112M-2
		5	1795	6182	88.6			
		6	1628	6732	83.6			
		7	1432	7281	78.2			
4.5	2900	1	2658	5790	83.3	A	7.5	Y132S2-2
		2	2628	6573	87			
		3	2569	7355	89.5			
		4	2462	8137	90.5			
		5	2295	8920	89.2			
		6	2069	9702	84.5			
		7	1834	10485	79.4			
5	2900	1	3315	8050	84.2	A	15	Y160M2-2
		2	3266	9123	87.6			
		3	3187	10197	90			
		4	3050	11270	91			
		5	2844	12343	89.8			
		6	2589	13416	85.3			
		7	2305	14490	80.5			

五、9-19 型离心式通风机性能表

机号 No.	转速/ （r/min）	序号	全压/Pa	风量/ （m³/h）	内效率/%	传动方式	电动机	
							功率/kW	型号
4	2900	1	3584	824	70	A	2.2	Y90L-2
		2	3665	970	73.5			
		3	3647	1116	75.5			
		4	3597	1264	76			
		5	3507	1410	75.5		3	Y100L-2
		6	3384	1558	73.5			
		7	3253	1704	70			
4.5	2900	1	4603	1174	71.2	A	4	Y112M-2
		2	4684	1397	75			
		3	4672	1616	77			
		4	4580	1835	77.3			
		5	4447	2062	76.2			
		6	4297	2281	73.8		5.5	Y132S1-2
		7	4112	2504	70			
5	2900	1	5697	1610	72.7	A	7.5	Y132S2-2
		2	5768	1932	76.2			

机号 No.	转速/ （r/min）	序号	全压/Pa	风量/ （m³/h）	内效率/%	传动方式	电动机	
							功率/kW	型号
5	2900	3	5740	2254	78.2	A	7.5	Y132S2-2
		4	5630	2576	78.5			
		5	5517	2844	77.2			
		6	5323	3166	74.5			
		7	5080	3488	70.5		11	Y160M1-2
5.6	2900	1	7182	2622	72.7	A	11	Y160M1-2
		2	7273	2714	76.2			
		3	7236	3167	78.2			
		4	7109	3619	78.5			
		5	6954	3996	77.2		18.5	Y160L-2
		6	6709	4448	74.5			
		7	6400	4901	70.5			
6.3	2900	1	9149	3220	72.7	A	18.5	Y160L-2
		2	9265	3865	76.2			
		3	9219	4509	78.2			
		4	9055	5153	78.5		30	Y200L1-2
		5	8857	5690	77.2			
		6	8543	6334	74.5			
		7	8148	6978	70.5			
7.1	2900	1	11717	4610	72.7	D	37	Y200L2-2
		2	11868	5532	76.2			
		3	11807	6454	78.2			
		4	11596	7376	78.5		55	Y250M-2
		5	11340	8144	77.2			
		6	10935	9066	74.5			
		7	10426	9988	70.5			

六、9-26 型离心式通风机性能表

机号 No.	转速/ （r/min）	序号	全压/Pa	风量/ （m³/h）	内效率/%	传动方式	电动机	
							功率/kW	型号
4	2900	1	3852	2198	74.7	A	5.5	Y132S-2
		2	3820	2368	75.5			
		3	3765	2536	75.7			
		4	3684	2706	75			
		5	3607	2877	73.8			
		6	3502	2044	72.1			
		7	3407	3215	70			

续表

机号 No.	转速/(r/min)	序号	全压/Pa	风量/(m³/h)	内效率/%	传动方式	电动机	
							功率/kW	型号
4.5	2900	1	4910	3130	76.1	A	7.5	Y132S1-2
		2	4863	3407	77.1			
		3	4776	3685	77.1			
		4	4661	3963	76		11	Y160M1-2
		5	4546	4237	74.5			
		6	4412	4515	72.3			
		7	4256	4792	70			
5	2900	1	6035	4293	77.2	A	15	Y160M2-2
		2	5984	4706	78.2			
		3	5869	5114	78			
		4	5725	5527	76.7			
		5	5553	5941	74.9			
		6	5381	6349	72.7			
		7	5180	6762	70		18.5	Y160L-2
5.6	2900	1	7610	6032	77.2	A	22	Y180M-2
		2	7546	6612	78.2			
		3	7400	7185	78			
		4	7218	7766	76.7		30	Y200L1-2
		5	7000	8346	74.9			
		6	6781	8919	72.7			
		7	6527	9500	70			
6.3	2900	1	9698	8588	77.2	A	45	Y225M-2
		2	9616	9415	78.2			
		3	9429	10230	78			
		4	9195	11056	76.7			
		5	8915	11883	74.9			
		6	8636	12699	72.7		55	Y250M—2
		7	8310	13525	70			
7.1	2900	1	12467	12292	77.2	D	75	Y280S-2
		2	12321	13475	78.2			
		3	12078	14643	78			
		4	11776	15826	76.7		110	Y315S-2
		5	11415	17009	74.9			
		6	11055	18177	72.7			
		7	10635	19360	70			

七、GLF5—18 型离心式通风机性能表

型号	转速/(r/min)	工作点	风量/（m³/h）	全压/Pa	内效率/%	轴功率/kW	电动机/kW
GLF5-18-7A	2950	1	6500	9300	78	21	Y200L1-2 30
		2	6900	9000	80	21	
		3	7500	8300	82	22	
		4	8000	7800	78	22	
		5	8800	7200	72.9	23.7	
		6	9600	6800	67.5	26.3	
		7	10000	6000	60	27.2	
GLF5-18-7B	2950	1	5000	12700	65	24	Y200L2-2 37
		2	5500	12500	75	24	
		3	6500	11500	85	24	
		4	7300	10000	85.4	24	
		5	8150	9600	76	28	
		6	9800	8800	69	31	
		7	10100	7800	65.4	32.8	
GLF5-18-8A	2950	1	6000	11600	76	25	Y225M-2 45
		2	7000	11400	80	27	
		3	8000	10850	82	29	
		4	9000	10700	83	31.6	
		5	10000	9900	82	33	
		6	11000	9400	79	36	
		7	12000	9000	75	—	
GLF5-18-8B	2950	1	10000	11400	88	38.8	Y250M-2 55
		2	10500	11200	81	39.5	
		3	11000	10900	81	40.3	
		4	11000	10300	79.4	41.7	
		5	12500	9800	73	45.7	
		6	13000	9500	67	50.2	
GLF5-18-9	2950	1	11500	11800	81.3	45.5	Y280S-2 75
		2	13060	11000	63.6	61.5	
		3	13600	10000	54.2	68.3	

八、6-30 型离心式通风机

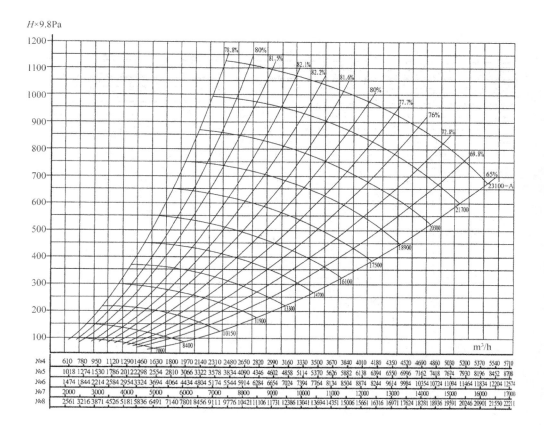

$H×9.8Pa$

№4	610	780	950	1120	1290	1460	1630	1800	1970	2140	2310	2480	2650	2820	2990	3160	3330	3500	3670	3840	4010	4180	4350	4520	4690	4860	5030	5200	5370	5540	5710
№5	1018	1274	1530	1786	2012	2298	2554	2810	3066	3322	3578	3834	4090	4346	4602	4858	5114	5370	5626	5882	6138	6394	6550	6996	7162	7418	7674	7930	8196	8452	8708
№6	1474	1844	2214	2584	2954	3324	3694	4064	4434	4804	5174	5544	5914	6284	6654	7024	7394	7764	8134	8504	8874	8244	9614	9984	10354	10724	11094	11464	11834	12204	12574
№7	2000		3000		4000		5000		6000		7000		8000		9000		10000		11000		12000		13000		14000		15000		16000		17000	
№8	2561	3216	3871	4526	5181	5836	6491	7146	7801	8456	9111	9776	10421	11061	11731	12386	13041	13694	14351	15006	15661	16316	16971	17624	18281	18936	19591	20246	20901	21550	22211

九、6-23 型离心式通风机

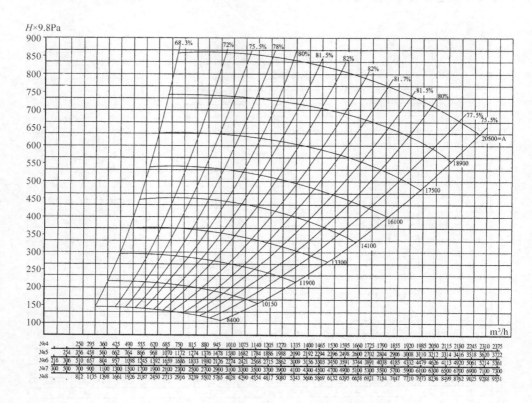

附录六 罗茨鼓风机性能表

一、双叶罗茨鼓风机

1. RRC-80 型罗茨鼓风机性能表

转速/ （r/min）	理论流量/ （m³/min）	升压/kPa	流量/ （m³/min）	轴功率 /kW	配套电机		机组最大 重量/kg
					型号	功率/kW	
1150	4.48	9.8	3.18	1.3	Y100L1-4	2.2	320
		19.6	2.83	2.1	Y100L2-4	3	
		29.4	2.53	2.8	Y112M-4	4	
		39.2	2.28	3.5	Y112M-4	4	
		49.0	2.03	4.3	Y132S-4	5.5	
		58.8	1.83	5.0	Y132M-4	7.5	

转速/ （r/min）	理论流量/ （m³/min）	升压/kPa	流量/ （m³/min）	轴功率 /kW	配套电机		机组最大 重量/kg
					型号	功率/kW	
1450	5.66	9.8	4.36	1.6	Y100L1-4	2.2	370
		19.6	4.01	2.6	Y100L2-4	3	
		29.4	3.71	3.5	Y112M-4	4	
		39.2	3.46	4.4	Y132S-4	5.5	
		49.0	3.21	5.4	Y132M-4	7.5	
		58.8	3.01	6.3	Y132M-4	7.5	
		68.8	2.86	7.3	Y160M-4	11	
1750	6.83	9.8	5.53	2.0	Y100L2-4	3	390
		19.6	5.18	3.1	Y112M-4	4	
		29.4	4.88	4.3	Y132S-4	5.5	
		39.2	4.63	5.4	Y132M-4	7.5	
		49.0	4.38	6.5	Y132M-4	7.5	
		58.8	4.18	7.6	Y160M-4	11	
		68.6	4.03	8.7	Y160M-4	11	
		78.4	3.88	9.8	Y160L-4	15	
2000	7.80	9.8	6.50	2.3	Y100L2-4	3	390
		19.6	6.15	3.6	Y132S-4	5.5	
		29.4	5.85	4.9	Y132M-4	7.5	
		39.2	5.60	6.1	Y132M-4	7.5	
		49.0	5.35	7.4	Y160M-4	11	
		58.8	5.15	8.7	Y160M-4	11	
		68.6	5.00	10.0	Y160L-4	15	
		78.4	4.85	11.2	Y160L-4	15	
		88.2	4.70	12.5	Y160L-4	15	
2500	9.76	9.8	8.46	2.8	Y112M-2	4	395
		19.6	8.11	4.4	Y132S1-2	5.5	
		29.4	7.81	6.0	Y132S2-2	7.5	
		39.2	7.56	7.7	Y160M1-2	11	
		49.0	7.31	9.3	Y160M1-2	11	
		58.8	7.11	10.9	Y160M2-2	15	
		68.6	6.96	12.5	Y160M2-2	15	
		78.4	6.81	14.2	Y160L-2	18.5	
		88.2	6.66	15.8	Y160L-2	18.5	600

2. RRC-80V 型干式罗茨真空泵性能表

转速/ （r/min）	理论流量/ （m³/min）	真空度/kPa	流量/ （m³/min）	轴功率 /kW	配套电机		机组最大 重量/kg
					型号	功率/kW	
1150	4.48	−9.8	3.18	1.3	Y100L1-4	2.2	290
		−14.7	2.83	1.7	Y100L2-4	3	
		−19.6	2.68	2.1	Y100L2-4	3	
		−24.5	2.41	2.45	Y112M-4	4	
		−29.4	2.16	2.8	Y112M-4	4	
		−34.3	1.93	3.15	Y112M-4	4	
1450	5.66	−9.8	4.36	1.6	Y100L1-4	2.2	315
		−14.7	4.01	2.1	Y100L2-4	3	
		−19.6	3.86	2.6	Y112M-4	4	
		−24.5	3.59	3.05	Y112M-4	4	
		−29.4	3.34	3.5	Y132S-4	5.5	
		−34.3	3.11	3.95	Y132S-4	5.5	
		−39.2	2.94	4.4	Y132S-4	5.5	
1750	6.83	−9.8	5.53	2.0	Y100L2-4	3	320
		−14.7	5.18	2.55	Y112M-4	4	
		−19.6	5.03	3.1	Y112M-4	4	
		−24.5	4.76	3.7	Y132S-4	5.5	
		−29.4	4.45	4.3	Y132S-4	5.5	
		−34.3	4.22	4.85	Y132M-4	7.5	
		−39.2	4.05	5.4	Y132M-4	7.5	
		−44.1	3.88	5.96	Y132M-4	7.5	
2000	7.80	−9.8	6.50	2.3	Y100L2-4	3	370
		−14.7	6.15	2.95	Y112M-4	4	
		−19.6	6.00	3.6	Y132S-4	5.5	
		−24.5	5.73	4.25	Y132S-4	5.5	
		−29.4	5.48	4.9	Y132M-4	7.5	
		−34.3	5.25	5.5	Y132M-4	7.5	
		−39.2	5.08	6.1	Y132M-4	7.5	
		−44.1	4.85	6.75	Y160M-4	11	
2500	9.76	−9.8	8.46	2.8	Y112M-2	4	374
		−14.7	8.11	3.6	Y132S1-2	5.5	
		−19.6	7.96	4.4	Y132S1-2	5.5	
		−24.5	7.69	5.2	Y132S2-2	7.5	
		−29.4	7.44	6.0	Y132S2-2	7.5	
		−34.3	7.21	6.85	Y160M1-2	11	
		−39.2	7.04	7.7	Y160M1-2	11	
		−44.1	6.81	8.5	Y160M1-2	11	
		−49.0	6.62	9.3	Y160M22	15	

二、SSR 型三叶罗茨鼓风机性能表

1. SSR50 型

型式		SSR50									
口径		50A									
转速/（r/min）		1100	1230	1350	1450	1530	1640	1730	1840	1950	2120
排出压力	9.8kPa	Q	1.22	1.38	1.53	1.66	1.75	1.89	2.00	2.13	2.27	2.48
		N	0.75	0.75	0.75	0.75	0.75	0.75	1.1	1.1	1.1	1.5
	14.7kPa	Q	1.16	1.31	1.46	1.58	1.68	1.81	1.92	2.05	2.19	2.39
		N	0.75	0.75	0.75	0.75	1.1	1.1	1.1	1.5	1.5	1.5
	19.6kPa	Q	1.12	1.27	1.42	1.53	1.64	1.76	1.87	2.00	2.13	2.33
		N	0.75	0.75	1.1	1.1	1.1	1.5	1.5	1.5	1.5	2.2
	24.5kPa	Q	1.05	1.20	1.34	1.46	1.55	1.68	1.79	1.92	2.05	2.25
		N	0.75	1.1	1.1	1.1	1.5	1.5	1.5	1.5	2.2	2.2
	29.4kPa	Q	0.99	1.14	1.28	1.40	1.49	1.62	1.73	1.86	1.99	2.19
		N	1.1	1.1	1.5	1.5	1.5	1.5	2.2	2.2	2.2	2.2
	34.3kPa	Q	0.93	1.08	1.23	1.34	1.43	1.56	1.66	1.79	0.92	2.12
		N	1.1	1.5	1.5	1.5	1.5	2.2	2.2	2.2	2.2	3
	39.2kPa	Q	0.90	1.05	1.19	1.30	1.39	1.52	1.62	1.75	1.88	2.08
		N	1.5	1.5	1.5	2.2	2.2	2.2	2.2	2.2	3	3
	44.1kPa	Q	0.85	1.00	1.14	1.25	1.35	1.47	1.57	1.70	1.83	2.03
		N	1.5	1.5	2.2	2.2	2.2	2.2	2.2	3	3	3
	49kPa	Q	0.78	0.94	1.09	1.20	1.30	1.43	1.53	1.67	1.81	2.01
		N	1.5	2.2	2.2	2.2	2.2	3	3	3	3	4
	53.9kPa	Q	—	0.90	1.05	1.16	1.26	1.40	1.50	1.64	1.77	1.98
		N	—	2.2	2.2	2.2	3	3	3	3	4	4
	58.8kPa	Q	—	—	—	1.14	1.24	1.38	1.48	1.62	1.75	1.96
		N	—	—	—	3	3	3	3	4	4	4

注：Q. 进口状态风量，m³/min；N. 电动机功率，kW。

2. SSR65 型

型式		SSR65									
口径		65A									
转速/（r/min）		1110	1240	1360	1450	1530	1640	1740	1820	1940	2130
排出压力	9.8kPa	Q	1.67	1.92	2.16	2.31	2.45	2.66	2.86	3.02	3.26	3.64
		N	0.75	0.75	0.75	0.75	1.1	1.1	1.1	1.1	1.5	1.5
	14.7kPa	Q	1.57	1.82	2.06	2.22	2.36	2.57	2.77	2.93	3.17	3.55
		N	0.75	1.1	1.1	1.1	1.1	1.5	1.5	1.5	1.5	2.2

型式			SSR65									
口径			65A									
转速/（r/min）			1110	1240	1360	1450	1530	1640	1740	1820	1940	2130
排出压力	19.6kPa	Q	1.48	1.73	1.97	2.14	2.28	2.49	2.69	2.85	3.09	3.47
		N	1.1	1.1	1.5	1.5	1.5	1.5	2.2	2.2	2.2	2.2
	24.5kPa	Q	1.40	1.65	1.89	2.07	2.21	2.42	2.62	2.78	3.02	3.40
		N	1.1	1.5	1.5	1.5	2.2	2.2	2.2	2.2	2.2	2.2
	29.4kPa	Q	1.32	1.58	1.82	2.00	2.14	2.36	2.56	2.72	2.96	3.33
		N	1.5	1.5	2.2	2.2	2.2	2.2	2.2	3	3	3
	34.3kPa	Q	1.25	1.51	1.75	1.93	2.08	2.30	2.50	2.66	2.90	3.27
		N	1.5	2.2	2.2	2.2	2.2	3	3	3	4	4
	39.2kPa	Q	1.18	1.44	1.68	1.86	2.02	2.24	2.44	2.60	2.83	3.21
		N	2.2	2.2	2.2	3	3	3	3	4	4	4
	44.1kPa	Q	1.12	1.38	1.62	1.80	1.96	2.18	2.38	2.54	2.77	3.15
		N	2.2	2.2	3	3	3	4	4	4	4	5.5
	49kPa	Q	1.07	1.32	1.56	1.74	1.90	2.12	2.32	2.48	2.71	3.09
		N	2.2	3	3	3	4	4	4	4	4	5.5
	53.9kPa	Q	—	1.27	1.51	1.69	1.84	2.06	2.26	2.42	2.66	3.04
		N	—	3	3	4	4	4	4	5.5	5.5	5.5
	58.8kPa	Q	—	—	—	1.63	1.79	2.01	2.21	2.37	2.61	2.99
		N	—	—	—	4	4	4	5.5	5.5	5.5	5.5

注：Q. 进口状态风量，m^3/min；N. 电动机功率，kW。

3. SSR80 型

型式			SSR80									
口径			80A									
转速/（r/min）			1140	1230	1300	1360	1460	1560	1650	1730	1820	1900
排出压力	9.8kPa	Q	3.09	3.37	3.59	3.77	4.08	4.38	4.66	4.90	5.18	5.43
		N	2.2	2.2	2.2	2.2	2.2	2.2	2.2	2.2	2.2	2.2
	14.7kPa	Q	3.00	3.28	3.50	3.68	3.99	4.30	4.57	4.82	5.10	5.35
		N	2.2	2.2	2.2	2.2	2.2	2.2	3	3	3	3
	19.6kPa	Q	2.90	3.18	3.14	3.59	3.90	4.21	4.48	4.73	5.00	5.27
		N	2.2	2.2	2.2	2.2	3	3	3	3	4	4
	24.5kPa	Q	2.84	3.10	3.33	3.52	3.82	4.14	4.41	4.67	4.94	5.19
		N	2.2	3	3	3	3	4	4	4	4	4
	29.4kPa	Q	2.78	3.06	3.27	3.46	3.76	4.07	4.36	4.60	4.88	5.12
		N	3	3	3	3	4	4	4	4	5.5	5.5

续表

型式			SSR80									
口径			80A									
转速/（r/min）			1140	1230	1300	1360	1460	1560	1650	1730	1820	1900
排出压力	34.3kPa	Q	2.71	2.99	3.20	3.38	3.69	4.00	4.28	4.53	4.81	5.06
		N	3	3	4	4	4	4	5.5	5.5	5.5	5.5
	39.2kPa	Q	2.63	2.91	3.12	3.30	3.62	3.93	4.20	4.46	4.74	4.99
		N	3	4	4	4	5.5	5.5	5.5	5.5	5.5	5.5
	44.1kPa	Q	2.54	2.82	3.03	3.22	3.53	3.84	4.12	4.38	4.65	4.89
		N	4	4	4	5.5	5.5	5.5	5.5	5.5	5.5	7.5
	49kPa	Q	2.48	2.76	2.97	3.16	3.46	3.77	4.05	4.30	4.58	4.82
		N	4	4	5.5	5.5	5.5	5.5	5.5	7.5	7.5	7.5
	53.9kPa	Q	2.40	2.68	2.90	3.09	3.40	3.71	3.98	4.24	4.52	4.77
		N	4	5.5	5.5	5.5	5.5	5.5	7.5	7.5	7.5	7.5
	58.8kPa	Q	2.36	2.63	2.84	3.02	3.34	3.65	3.92	4.18	4.45	4.70
		N	5.5	5.5	5.5	5.5	5.5	7.5	7.5	7.5	7.5	7.5

注：Q. 进口状态风量，m^3/min；N. 电动机功率，kW。

4. SSR100 型

型式			SSR100									
口径			100A									
转速/（r/min）			1060	1140	1220	1310	1460	1540	1680	1780	1880	1980
排出压力	9.8kPa	Q	4.57	4.97	5.34	5.73	6.53	6.91	7.63	8.09	8.57	9.07
		N	3	3	3	3	3	3	4	4	4	4
	14.7kPa	Q	4.40	4.81	5.18	5.58	6.38	6.77	7.49	7.96	8.45	8.96
		N	3	3	3	3	4	4	4	5.5	5.5	5.5
	19.6kPa	Q	4.24	4.65	5.03	5.44	6.25	6.64	7.36	7.84	8.36	8.85
		N	3	3	4	4	4	5.5	5.5	5.5	5.5	7.5
	24.5kPa	Q	4.09	4.50	4.89	5.31	6.12	6.52	7.24	7.73	8.25	7.75
		N	3	4	4	4	5.5	5.5	5.5	7.5	7.5	7.5
	29.4kPa	Q	3.95	4.36	4.76	5.18	6.00	6.40	7.13	7.62	8.15	8.65
		N	4	4	5.5	5.5	5.5	5.5	7.5	7.5	7.5	7.5
	34.3kPa	Q	3.82	4.23	4.64	5.06	5.89	6.29	7.02	7.52	8.05	8.55
		N	4	5.5	5.5	5.5	7.5	7.5	7.5	7.5	11	11
	39.2kPa	Q	3.70	4.12	4.53	4.95	5.78	6.19	6.92	7.42	7.95	8.46
		N	5.5	5.5	5.5	7.5	7.5	7.5	7.5	11	11	11
	44.1kPa	Q	3.59	4.01	4.42	4.84	5.68	6.09	6.82	7.32	7.86	8.37
		N	5.5	5.5	7.5	7.5	7.5	7.5	11	11	11	11

续表

型式			SSR100									
口径			100A									
转速/（r/min）			1060	1140	1220	1310	1460	1540	1680	1780	1880	1980
排出压力	49kPa	Q	3.48	3.90	4.32	4.74	5.58	5.99	6.73	7.23	7.77	8.26
		N	5.5	7.5	7.5	7.5	7.5	11	11	11	11	15
	53.9kPa	Q	3.38	3.80	4.22	4.64	5.48	5.90	6.64	7.14	7.68	8.20
		N	7.5	7.5	7.5	7.5	11	11	11	11	15	15
	58.8kPa	Q	3.28	3.71	4.13	4.55	5.39	5.81	6.55	7.06	7.60	8.12
		N	7.5	7.5	7.5	11	11	11	11	15	15	15

注：Q. 进口状态风量，m^3/min；N. 电动机功率，kW。

三、吸粮机用罗茨真空泵（部分）

1. RRE-145V 型罗茨真空泵性能表

转速/ （r/min）	理论流量/ （m³/min）	真空度/kPa	流量/ （m³/min）	轴功率 /kW	配套电机		机组最大 重量/kg
					型号	功率/kW	
730*	20.8	−9.8	17.4	5.3	Y160L-8	7.5	1470
		−14.7	16.2	7.3	Y180L-8	11	
		−19.6	15.8	9.2	Y180L-8	11	
		−24.5	15.1	10.7	Y200L-8	15	
		−29.4	14.4	12.1	Y200L-8	15	
		−34.3	13.9	13.9	Y225S-8	18.5	
		−39.2	13.4	15.5	Y225S-8	18.5	
		−44.1	12.8	17.5	Y225M-8	22	
970*	27.6	−9.8	24.2	7.0	Y160L-6	11	1470
		−14.7	23.0	9.25	Y160L-6	11	
		−19.6	22.6	11.5	Y180L-6	15	
		−24.5	21.9	14	Y200L1-6	18.5	
		−29.4	21.2	16.5	Y200L1-6	18.5	
		−34.3	20.7	18.8	Y200L2-6	22	
		−39.2	20.2	21.0	Y225M-6	30	
		−44.1	19.6	23.3	Y225M-6	30	
		−49.0	18.5	25.5	Y225M-6	30	
1170	33.3	−9.8	29.9	8.5	Y160M-4	11	1430
		−14.7	28.7	11.3	Y160L-4	15	
		−19.6	28.3	14.0	Y180M-4	18.5	
		−24.5	27.6	16.8	Y180L-4	22	
		−29.4	26.9	19.5	Y180L-4	22	
		−34.3	26.4	22.3	Y200L-4	30	
		−39.2	25.9	25.0	Y200L-4	30	
		−44.1	25.3	27.8	Y225S-4	37	
		−49.0	24.6	30.5	Y225S-4	37	

续表

转速/ (r/min)	理论流量/ (m³/min)	真空度/kPa	流量/ (m³/min)	轴功率 /kW	配套电机		机组最大 重量/kg
					型号	功率/kW	
1250	35.6	−9.8	32.2	9.0	Y160M-4	11	1430
		−14.7	31.0	12	Y160L-4	15	
		−19.6	30.6	15.0	Y180M-4	18.5	
		−24.5	29.9	18	Y180L-4	22	
		−29.4	29.2	21.0	Y200L-4	30	
		−34.3	28.7	24	Y200L-4	30	
		−39.2	28.2	27.0	Y200L-4	30	
		−44.1	27.6	30	Y225S-4	37	
		−49.0	26.9	33.0	Y225S-4	37	
1350	38.4	−9.8	35.0	9.5	Y160M-4	11	1460
		−14.7	33.8	12.8	Y160L-4	15	
		−19.6	33.4	16.0	Y180M-4	18.5	
		−24.5	32.7	19.3	Y180L-4	22	
		−29.4	32.0	22.5	Y200L-4	30	
		−34.3	31.5	25.8	Y200L-4	30	
		−39.2	31.0	29.0	Y225S-4	37	
		−44.1	30.4	32.3	Y225S-4	37	
		−49.0	29.7	35.5	Y225M-4	45	

注: 1. 电机防护等级 IP44，电压 380V。
*所示转速的罗茨真空泵采用联轴器传动，其余为皮带传动。

2. RRE-150V 型罗茨真空泵性能表

转速/ (r/min)	理论流量/ (m³/min)	真空度/kPa	流量/ (m³/min)	轴功率 /kW	配套电机		机组最大 重量/kg
					型号	功率/kW	
730*	26.7	−9.8	22.2	6.8	Y180L-8	11	1680
		−14.7	21.0	9.0	Y180L-8	11	
		−19.6	20.6	11.2	Y200L-8	15	
		−24.5	19.6	13.4	Y200L-8	15	
		−29.4	18.8	15.5	Y225S-8	18.5	
		−34.3	18.1	17.8	Y225M-8	22	
		−39.2	17.5	19.9	Y225M-8	22	
		−44.1	16.7	22.2	Y250M-8	30	
970*	35.5	−9.8	31.0	8.5	Y160L-6	11	1670
		−14.7	29.8	11.5	Y180L-6	15	
		−19.6	29.4	14.5	Y200L1-6	18.5	
		−24.5	28.5	17.5	Y200L2-6	22	
		−29.4	27.7	20.5	Y225M-6	30	
		−34.3	27.0	23.5	Y225M-6	30	
		−39.2	26.4	26.5	Y225M-6	30	
		−44.1	25.5	29.5	Y250M-6	37	
		−49.0	24.8	32.5	Y250M-6	37	

续表

转速/ （r/min）	理论流量/ （m³/min）	真空度/kPa	流量/ （m³/min）	轴功率 /kW	配套电机		机组最大 重量/kg
					型号	功率/kW	
1170	42.8	−9.8	38.4	10.0	Y160M-4	11	1550
		−14.7	37.2	13.8	Y180M-4	18.5	
		−19.6	36.7	17.5	Y180L-4	22	
		−24.5	35.8	21	Y200L-4	30	
		−29.4	35.0	24.3	Y200L-4	30	
		−34.3	34.3	28.3	Y225S-4	37	
		−39.2	33.7	32.0	Y225S-4	37	
		−44.1	32.9	35.5	Y225M-4	45	
		−49.0	32.2	39.0	Y225M-4	45	
1250	45.8	−9.8	41.3	11.0	Y160L-4	15	1630
		−14.7	40.1	14.8	Y180M-4	18.5	
		−19.6	39.6	18.5	Y180L-4	22	
		−24.5	38.7	22.5	Y200L-4	30	
		−29.4	37.9	26.5	Y200L-4	30	
		−34.3	37.2	30.3	Y225S-4	37	
		−39.2	36.6	34.0	Y225M-4	45	
		−44.1	34.8	37.8	Y225M-4	45	
		−49.0	34.1	41.5	Y250M-4	55	
1350	49.4	−9.8	45.0	12.0	Y160L-4	15	1630
		−14.7	43.8	16	Y180M-4	18.5	
		−19.6	43.3	20.0	Y180L-4	22	
		−24.5	42.4	24.3	Y200L-4	30	
		−29.4	41.6	28.5	Y225S-4	37	
		−34.3	40.9	32.5	Y225S-4	37	
		−39.2	40.3	36.5	Y225M-4	45	
		−44.1	39.5	40.8	Y225M-4	45	
		−49.0	38.8	45.5	Y250M-4	55	

注：1. 电机防护等级 IP44，电压 380V。

*所示转速的罗茨真空泵采用联轴器传动，其余为皮带传动。

3. RRE-190V 型罗茨真空泵性能表

转速/ （r/min）	理论流量/ （m³/min）	真空度 /kPa	流量/ （m³/min）	轴功率 /kW	配套电机		机组最大 重量/kg
					型号	功率/kW	
730*	33.4	−9.8	29.0	8.3	Y180L-8	11	2025
		−14.7	27.4	11.0	Y200L-8	15	
		−19.6	26.6	13.6	Y200L-8	15	
		−24.5	25.3	16.5	Y225S-8	18.5	
		−29.4	24.2	19.4	Y225M-8	22	
		−34.3	23.2	22.1	Y250M-8	30	
		−39.2	22.3	24.8	Y280M-8	30	

续表

转速/ （r/min）	理论流量/ （m³/min）	真空度 /kPa	流量/ （m³/min）	轴功率 /kW	配套电机		机组最大 重量/kg
					型号	功率/kW	
730*	33.4	-44.1	21.2	27.7	Y280S-8	37	2025
		-49.0	19.7	30.6	Y280S-8	37	
970*	44.4	-9.8	40.0	10.5	Y180L-6	15	2025
		-14.7	38.4	14.3	Y200L1-6	18.5	
		-19.6	37.6	18.0	Y200L2-6	22	
		-24.5	36.3	21.8	Y225M-6	30	
		-29.4	35.2	25.5	Y225M-6	30	
		-34.3	34.2	29.3	Y250M-6	37	
		-39.2	33.3	33.0	Y250M-6	37	
		-44.1	32.2	36.5	Y280S-6	45	
		-49.0	30.8	40.0	Y280S-6	45	
1170	53.6	-9.8	49.2	12.5	Y160L-4	15	1850
		-14.7	47.6	17	Y180L-4	22	
		-19.6	46.8	21.5	Y200L-4	30	
		-24.5	45.5	26	Y200L-4	30	
		-29.4	44.4	30.5	Y225S-4	37	
		-34.3	43.4	35	Y225M-4	45	
		-39.2	42.5	39.5	Y225M-4	45	
		-44.1	41.4	44	Y250M-4	55	
		-49.0	40.0	48.5	Y250M-4	55	
1250	57.2	-9.8	52.8	13.5	Y180M-4	18.5	2000
		-14.7	51.2	18.3	Y180L-4	22	
		-19.6	50.4	23.0	Y200L-4	30	
		-24.5	49.1	27.8	Y225S-4	37	
		-29.4	48.0	32.5	Y225S-4	37	
		-34.3	47.0	37.3	Y225M-4	45	
		-39.2	46.1	42.0	Y250M-4	55	
		-44.1	45.0	47	Y250M-4	55	
		-49.0	43.6	52.0	Y280S-4	75	
1350	61.8	-9.8	57.4	14.5	Y180M-4	18.5	2000
		-14.7	55.8	19.8	Y180L-4	22	
		-19.6	55.0	25.0	Y200L-4	30	
		-24.5	53.7	30.0	Y225S-4	37	
		-29.4	52.6	35.0	Y225M-4	45	
		-34.3	51.6	40.3	Y225M-4	45	
		-39.2	50.7	45.5	Y250M-4	55	
		-44.1	49.6	50.8	Y280S-4	75	
		-49.0	48.2	56.0	Y280S-4	75	

注：1. 电机防护等级 IP44，电压 380V。

*所示转速的罗茨真空泵采用联轴器传动，其余为皮带传动。

4. RRE-200V 型罗茨真空泵性能表

转速/ （r/min）	理论流量/ （m³/min）	真空度/kPa	流量/ （m³/min）	轴功率/kW	配套电机		机组最大 重量/kg
					型号	功率/kW	
730*	40.8	−9.8	35.4	9.7	Y180L-8	11	1640
		−14.7	33.8	13.1	Y200L-8	15	
		−19.6	33.1	16.5	Y225S-8	18.5	
		−24.5	31.9	19.9	Y225M-8	22	
		−29.4	30.8	23.3	Y250M-8	30	
		−34.3	29.8	26.7	Y250M-8	30	
		−39.2	28.8	30.1	Y280S-8	37	
		−44.1	27.6	33.5	Y280S-8	37	
		−49.0	26.0	36.9	Y280M-8	45	
970*	54.3	−9.8	48.9	13	Y180L-6	15	1640
		−14.7	47.3	17.5	Y200L2-6	22	
		−19.6	46.6	22	Y225M-6	30	
		−24.5	45.4	26.5	Y250M-6	37	
		−29.4	44.3	31	Y250M-6	37	
		−34.3	43.3	35.6	Y280S-6	45	
		−39.2	42.3	40	Y280M-6	55	
		−44.1	41.1	44.6	Y280M-6	55	
		−49.0	39.5	49	Y280M-6	55	
1170	65.5	−9.8	60.1	15	Y180M-4	18.5	2080
		−14.7	58.5	21.3	Y200L-4	30	
		−19.6	57.8	26	Y200L-4	30	
		−24.5	56.6	31.5	Y225S-4	37	
		−29.4	55.5	37	Y225M-4	45	
		−34.3	54.5	42.5	Y250M-4	55	
		−39.2	53.5	48	Y250M-4	55	
		−44.1	52.3	53.5	Y280S-4	75	
		−49.0	50.7	59	Y280S-4	75	
1250	70.0	−9.8	64.6	16	Y180M-4	18.5	2080
		−14.7	63.0	21.8	Y200L-4	30	
		−19.6	62.3	27.5	Y225S-4	37	
		−24.5	61.1	33.3	Y225S-4	37	
		−29.4	60.0	39	Y225M-4	45	
		−34.3	59.0	45	Y250M-4	55	
		−39.2	58.0	51	Y280S-4	75	
		−44.1	56.8	57	Y280S-4	75	
		−49.0	55.2	63	Y280S-4	75	
1350	75.5	−9.8	70.1	17	Y180L-4	22	2080
		−14.7	68.5	23.5	Y200L-4	30	
		−19.6	67.8	30	Y225S-4	37	
		−24.5	66.6	36	Y225M-4	45	

续表

| 转速/
（r/min） | 理论流量/
（m³/min） | 真空度/kPa | 流量/
（m³/min） | 轴功率/kW | 配套电机 | | 机组最大
重量/kg |
					型号	功率/kW	
1350	75.5	−29.4	65.5	42	Y250M-4	55	2080
		−34.3	64.5	48.5	Y250M-4	55	
		−39.2	63.5	55	Y280S-4	75	
		−44.1	62.3	61.5	Y280S-4	75	
		−49.0	60.7	68	Y280S-4	75	

注：1. 电机防护等级 IP44，电压 380V。

*所示转速的罗茨真空泵采用联轴器传动，其余为皮带传动。

附录七　部分国产空气压缩机性能表

一、单级风冷式压缩机

| 项目 | 规格 | | | | | | | |
	VA-65	TA-65	VA-80	TA-80	VA-100	TA-100	VA-120	TA-120
实际排气量/（m³/min）	0.085	0.19	0.37	0.52	0.67	1	1.5	1.5
使用压力/MPa	0.8	0.8	0.8	0.8	0.8	0.8	0.8	0.8
转速/（r/min）	510	680	950	875	950	900	800	800
电动机功率/kW	0.75	1.5	3	4	5.5	7.5	11	11

二、两级风冷式压缩机

| 项目 | 规格 | | | | | | | |
	HTA-65	HTA-65H	HTA-80	HTA-100	HTA-100H	HTA-120	HTA-155	HTA-155H
实际排气量 /（m³/min）	0.18	0.22	0.45	0.65	0.84	1.22	2.5	2.0
使用压力 /MPa	12.5	12.5	12.5	12.5	12.5	12.5	12.5	12.5
转速 /（r/min）	800	950	950	750	990	800	900	750
电动机功率 /kW	1.5	2.2	4	5.5	7.5	11	18.5	18.5

附录八　离心式除尘器处理风量和阻力表

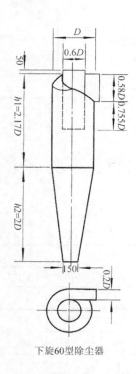

下旋60型除尘器

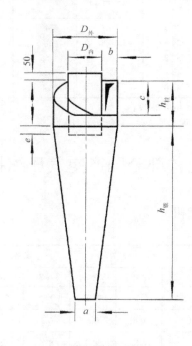

$D_内=0.55D_外$　　$h_锥=2.5D_外$

$b=0.225D_外$　　$e=0.1D_外$

$c=0.45D_外$　　$a=0.125\text{mm}$

$h_柱=0.6D_外$

下旋55型除尘器

一、下旋 60 型除尘器处理风量和阻力表

u	H	D										
		Q										
		250	275	300	325	350	375	400	425	450	475	500
12	41	314	380	450	529	614	710	802	906	1020	1130	1252
13	47	340	412	487	574	665	768	870	982	1105	1225	1355
14	55	365	443	525	617	715	827	935	1057	1190	1320	1450
15	64	391	475	561	662	766	886	1000	1132	1275	1415	1566
16	72	417	507	600	706	819	945	1065	1210	1360	1510	1670
17	81	444	530	637	750	870	1006	1135	1285	1445	1605	1775
18	91	470	570	674	795	920	1064	1200	1360	1530	1700	1880

注: D. 离心式除尘器外筒体直径, mm; H. 离心式除尘器阻力, mmH_2O; u. 进口风速, m/s; 阻力系数 ζ=4.6。

二、下旋 55 型除尘器处理风量和阻力表

u	H	D										
		Q										
		250	275	300	325	350	375	400	425	450	475	500
12	50	272	324	393	458	536	609	700	782	881	976	1093
13	59	295	351	426	496	580	660	758	847	955	1057	1184
14	68	318	378	459	534	625	711	816	912	1028	1139	1275
15	80	340	405	491	572	670	761	875	977	1102	1220	1366
16	90	363	432	524	610	714	812	933	1042	1175	1302	1457

注: D. 离心式除尘器外筒体直径, mm; H. 离心式除尘器阻力, mmH₂O; u. 进口风速, m/s; 阻力系数 ζ=4.6。

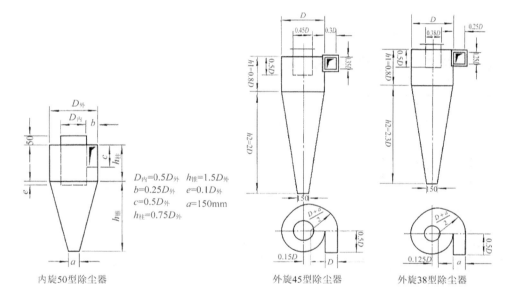

内旋50型除尘器　　　　　　　　外旋45型除尘器　　　　　　　外旋38型除尘器

$D_内=0.5D_外$　$h_锥=1.5D_外$
$b=0.25D_外$　$e=0.1D_外$
$c=0.5D_外$　$a=150mm$
$h_柱=0.75D_外$

三、内旋 50 型除尘器处理风量和阻力表

u	H	D								
		Q								
		500	550	600	650	700	750	800	900	1000
12	45	1350	1630	1940	2280	2650	3040	3460	4360	5400
13	53	1460	1770	2100	2460	2870	3300	3740	4730	5850
14	61	1570	1900	2270	2660	3090	3550	4030	5100	6300
15	70	1685	2040	2430	2840	3310	3800	4320	5450	6750
16	80	1800	2180	2590	3030	3530	4050	4610	5820	7200

注: D. 离心式除尘器外筒体直径, mm; H. 离心式除尘器阻力, mmH₂O; u. 进口风速, m/s; 阻力系数 ζ=4.6。

四、外旋 45 型除尘器处理风量和阻力表

u		D										
		Q										
		240	260	280	300	320	340	360	380	400	450	500
12	Q	259	306	354	410	462	523	587	656	726	912	1137
	H	53	57	62	66	70	75	80	84	88	99	110
13	Q	281	332	384	445	502	567	637	712	787	997	1232
	H	62	67	72	77	82	88	93	98	103	116	129
14	Q	302	358	413	479	539	609	685	766	847	1073	1325
	H	72	78	84	90	96	102	108	114	120	135	150

注：D. 离心式除尘器外筒体直径，mm；H. 离心式除尘器阻力，mmH$_2$O；u. 进口风速，m/s；阻力系数 ζ=4.6。

五、外旋 38 型除尘器处理风量和阻力表

u		D										
		Q										
		240	260	280	300	320	340	360	380	400	450	500
12	Q	155	181	212	242	276	311	350	389	432	562	674
	H	42	46	49	53	56	60	63	67	70	79	88
13	Q	169	197	229	262	300	336	379	421	468	608	730
	H	49	54	58	62	66	70	74	78	81	93	103
14	Q	181	212	247	282	322	362	401	454	504	655	785
	H	58	62	67	72	77	82	86	91	96	108	120

注：D. 离心式除尘器外筒体直径，mm；H. 离心式除尘器阻力，mmH$_2$O；u. 进口风速，m/s；阻力系数 ζ=20D（D 以米计）。

附录九　脉冲除尘器性能表

一、TBLM 型低压脉冲除尘器

型号	技术参数						
	滤袋长度 /mm	处理风量 /（m³/h）	过滤面积 /m²	闭风器功率 /kW	刮板功率 /kW	气泵功率 /kW	重量/kg
TBLM—4	1800	156～780	2.6				375
	2000	174～870	2.9	0.55	—	1.1	383
	2400	210～1050	3.5				398

型号	技术参数						
	滤袋长度 /mm	处理风量 /（m³/h）	过滤面积 /m²	闭风器功率 /kW	刮板功率 /kW	气泵功率 /kW	重量/kg
TBLM—10	1800 2000 2400	396~1980 444~2220 534~2670	6.6 7.4 8.9	0.55	—	1.1	521 532 554
TBLM—18	1800 2000 2400	714~3570 792~3960 954~4770	11.9 13.2 15.9	0.55	—	1.1	637 652 682
TBLM—26I	1800 2000 2400	1032~5160 1146~5730 1380~6900	17.2 19.1 23	0.55	0.55	1.1	1028 1053 1103
TBLM—39I	1800 2000 2400	1542~7710 1722~8610 2076~10380	25.7 28.7 34.6	0.75	0.75	1.5	1295 1319 1367
TBLM—52I	1800 2000 2400	2112~11460 2292~11460 2766~13830	35.2 38.2 46.1	1.1	1.1	2.2	1505 1531 1584
TBLM—78I	1800 2000 2400	3090~15450 3438~17190 4146~20730	51.5 57.5 69.1	1.1	1.1	2.2	2129 2172 2258
TBLM—104I	1800 2000 2400	4116~20580 4590~22950 5526~27630	68.6 76.5 92.1	1.5	1.5	3	2767 2815 2911
TBLM—130I	1800 2000 2400	5292~26460 5880~29400 6912~34560	88.2 115.2 1.3	1.5	1.5	3	3304 3359 3469
TBLM—156I	1800 2000 2400	6180~30900 6882~34410 8292~41460	103 114.2 138.2	2.2	1.5	3	3718 3775 3898

注：一般低压脉冲除尘器的过滤风速为 1~5m/min，最佳过滤风速 3~4m/min；设备阻力小于 1470Pa；除尘器工作压力. 1960~2940Pa；脉冲喷吹压力 4.9×10^4Pa；除尘效率≥99.5%；进风口含尘浓度高或粉尘湿度大时，处理风量取小值。

二、LYDZH 型圆筒低压直喷脉冲袋式除尘器

型号	参数								
	滤袋长度/mm	处理风量/（m³/h）	过滤面积/m²	闭风器电机功率/kW	刮板电机功率/kW	低压泵功率/kW	重量/kg		
							A	B	C
LYDZ—4	2000	174～870	2.9	0.75	—	1.5	478	384	434
LYDZ—10	2000	444～2220	7.4				740	590	670
LYDZ—18	1800	714～3570	11.9				1140	870	1030
	2000	792～3960	13.2				1200	920	1090
	2400	954～4770	15.9				1270	990	1160
LYDZ—26	1800	1032～5160	17.2				1350	1030	1230
	2000	1146～5730	19.1				1420	1090	1290
	2400	1380～6900	23				1500	1180	1370
LYDZ—39	1800	1542～7710	25.7				1960	1460	1780
	2000	1722～8610	28.7				2060	1530	1870
	2400	2076～10380	34.6				2140	1640	1940
LYDZ—52	1800	2112～10560	35.2	1.1	1.5		2360	1770	2150
	2000	2292～11460	38.0				2480	1860	2250
	2400	2766～13830	46.1				2600	1990	2370
LYDZ—78	1800	3090～15450	51.5			2.2	3290	2450	2990
	2000	3438～17190	57.3				3460	2570	3140
	2400	4146～20730	69.1				3620	2740	3280
LYDZ—104	1800	4116～20580	68.6				4200	3130	3820
	2000	4590～22950	76.5				4410	3296	4010
	2400	5526～27630	92.1				4650	3530	4220
LYDZ—120	1800	4752～23760	79.2				4848	3613	4410
	2000	5298～26490	88.3				5090	3804	4628
	2400	6378～31890	106.3				5366	4074	4870
LYDZ—130	1800	5148～25740	85.8				5253	3974	4777
	2000	5736～28680	95.6				5511	4118	5011
	2400	6906～34530	115.1				5811	4411	5274

　　注：表中的处理风量是指过滤风速为 1～5m/min，设备阻力为 0.8～1.5kPa、漏风率≤5%、除尘效率≥99.5% 时的计算值，具体应按工况来选择合理的过滤风速。

三、高压脉冲除尘器

BLM 型脉冲布袋除尘器的主要技术数据

项目	BLM.24	BLM.36	BLM.48	BLM.60
布筒数/个	24	36	48	60
布筒规格/mm	$\Phi120\times2000$	$\Phi120\times2000$	$\Phi120\times2000$	$\Phi120\times2000$
过滤面积/m^2	18	27	36	45
处理风量/（m^3/h）	3200~5400	4800~8100	6400~10800	8000~13500
脉冲周期/s	140±5	140±5	140±5	140±5
脉冲时间/s	0.1~0.2	0.1~0.2	0.1~0.2	0.1~0.2
工作压力/Pa	（4~6）×10^5	（4~6）×10^5	（4~6）×10^5	（4~6）×10^5
压缩空气耗量/（m^3/h）	0.035	0.055	0.075	0.090
进气含尘浓度/（g/m^3）	3~5	3~5	3~5	3~5
除尘效率/%	≥99	≥99	≥99	≥99
设备阻力/Pa	490~980	490~980	490~980	490~980
螺旋机规格/mm	—	—	$\Phi200\times1350$	—
螺旋机转速/（r/min）	45	45	45	45
螺旋机动力/kW	0.8	0.8	0.8	0.8
控制系统动力/kW	0.25	0.25	0.25	0.25
外形尺寸（长×宽×高）/mm	2260×1320×3925	2260×1720×3495	2260×2276×3820	2260×2520×3820
重量/kg	1100	1300	1400	1800

四、回转反吹除尘器

ZC 型回转反吹布袋除尘器技术性能

型号	过滤面积/m^2		袋长/m	圈数/圈	袋数/条	除尘率/%	入口粉尘质量浓度/（g/m^3）
	公称	实际					
24ZC200	40	38	2	1	24		
24ZC300	60	57	3	1	24		
24ZC400	80	76	4	1	24		
72ZC200	110	104	2	2	72	99.0~99.7	<15
72ZC300	170	170	3	2	72		
72ZC400	230	228	4	2	72		
144ZC300	340	340	3	3	144		

续表

型号	过滤面积/m²		袋长/m	圈数/圈	袋数/条	除尘率/%	入口粉尘质量浓度/（g/m³）
	公称	实际					
144ZC400	450	445	4	3	144		
144ZC500	570	569	5	3	144		
240ZC400	760	758	4	4	240	99.0～99.7	＜15
240ZC500	950	950	5	4	240		
240ZC600	1140	1138	6	4	240		

附录十　叶轮型闭风器性能表

表1　叶轮型闭风器（供料器）技术参数

型号	TGFY2.8 TGFZ2.8	TGFY4 TGFZ4	TGFY5 TGFZ5	TGFY7 TGFZ7	TGFY9 TGFZ9
容量/L	2.8	4	5	7	9
转速/（r/min）	20～60				
配用功率/kW	0.25～0.55			0.5～0.75	

注：T. 粮食通用机械；GF. 闭风器；Y. 叶轮闭风器，不带传动机构；Z. 组合式叶轮闭风器，带传动机构。

表2　叶轮型闭风器（供料器）规格　　　　单位：mm

型号 No.	叶轮直径	K	B	H	E	L	φ1	φ2	φ3	D	C	M	G	F	N
2.8	180	130	260	405	235	300	120	170	200	200	140	130	230	210	120
5.0	220	150	300	458	275	338	150	200	230	230	140	160	260	240	150
7.0	250	165	330	498	305	365	170	220	250	250	160	180	285	265	170
9.0	280	185	370	544	325	380	190	240	270	270	190	195	310	2902	190

附录十一　粮食加工厂常用机器设备的吸风量和压力损失参考值

序号	机器设备名称		吸风量 Q/（m³/h）	阻力/Pa	备注
1	振动筛	SCZ100×2×Z	8000	460	
2	圆筒初清筛	SCY.42	240	150	
		SCY.63	480	150	
		SCY.80	720	150	

续表

序号	机器设备名称		吸风量 Q/（m^3/h）	阻力/Pa	备注
3	自衡振动筛	SZ.63×21	4500	630	自带风机
		SZ.80×21	5000	630	自带风机
		SZ.63×2×2A	4500～5000	200～250	
4	高速除稗筛	SG.63×2×2	1000	100	
		SG.80×2×2	1200	100	
		SG.125×2×2	1500	100	
5	平面回筛	SM.80	2275	200～250	
		SM.100	2840	200～250	
		SM.125	3550	200～250	
		SM.75×2	1890	200	
6	擦麦机	DMC.60	1000～1100	800～900	自带风机
7	立式花铁筛打麦机	DML67×106	300		
8	卧式打麦机	FDMW.40×150	600	200	
9	撞击机	DMZ.40	1700	150	
		DMZ.60	2100	150	
10	重力分级去石机	TQSF.80	6000	600	
11	滚筒精选机	JXQ.60	240	60	
12	碟片精选机	JXD63×27	600	30	
13	中间分离器	JCZ.25	2100～2600	400～500	
		JCZ.30	3000～3800	400～500	
		JCZ.35	4100～5100	400～500	
		JCZ.40	5400～6700	400～500	
		JCZ.45	6900～8000	400～500	
		JCZ.50	8400～10600	400～500	
14	永磁滚筒	TCXY.25	300	50～100	
		TCXY.40A	300	50～100	
15	自动秤	100kg/次	900	60	
		50kg/次	720	60	
16	皮带输送机进出料口		300～400	30	
	提升机		380～400	150	
	刮板输送机		400	50	

续表

序号	机器设备名称		吸风量 $Q/(\text{m}^3/\text{h})$	阻力/Pa	备注
17	下粮坑吸尘罩	粒料	2500~3000	40~60	
		粉料	2200~2500	40~60	
18	刷麸机		480	50	
	面包打包机		1800	30	
	精粉机 QFD.50×2×2		2040~2220	450~520	
	打麸机 FPD.45		420	350	
	振动圆筛		180~360	350	
19	胶辊砻谷机	LT.1F	1600~1800	100	
		LT.24	2300~2500	100	
		LT.36	3600	100	
20	凉米器		3300	145~200	N=5.5kW
21	溜筛		200~300	2	
22	橡胶辊筒砻谷机		1500	3	吸谷壳
			300	2	辊筒吸尘
23	"14"砻谷机吸大糠		2400~3200	25	
24	米机吸糠秕		360	3	
25	米机喷风		300	25	轴向
			300	50	径向
26	选糙平转筛		300	5	
27	糠秕分离器				
28	KXF80		1540	30	
29	KXF63		925	13	
30	KXF50		700	10	
31	KXF 小方筛		150	2	
32	吸式比重去石机		3400~4200	20	
33	吹式比重去石机		600	4	
34	洗麦机进口		360	3	

附录十二　粮食仓库常用机器设备的吸风量

和压力损失参考值

序号	机器设备名称	规格和使用情况		吸风量 $Q/$（m^3/h）	压力损失 $H_机$/mmH$_2$O
1	提升机底座	45t/h	畅通进料	500	4×9.8
			装满进料	400	
		100t/h	畅通进料	800	4×9.8
			装满进料	500	
		175t/h	畅通进料	1000	4×9.8
			装满进料	700	
2	圆筒仓仓底皮带输送机	45～750t/h		3600	4×9.8
3	皮带输送机	45t/h	进料端	300	2×9.8
			抛料端	400	
		100t/h	进料端	400	2×9.8
			抛料端	500	
		175t/h	进料端	600	2×9.8
			抛料端	600	
4	卸料小车	套圈连接到总风管		3600	30×9.8
		局部吸风装置	45～100t/h	900	3×9.8
			175t/h	1400	
			350t/h	2300	
			500t/h	2800	
			750t/h	3600	
5	斗槽秤	5t/次	秤斗上	800	3×9.8
			秤斗下	700	0
		10t/次	秤斗上	1000	3×9.8
			秤斗下	900	0
		20t/次	秤斗上	1700	3
			秤斗下	1300	0
6	分配盘	φ300		600	5×9.8
		φ380		900	5×9.8
7	垃圾管吸风口			1500～1800	0
8	刮板输送机	槽宽 0.25m		1700	3×9.8

附录十三 气力输送计算表

风速/（m/s）	15						
动压力/mmH$_2$O	13.8						
	符号						
D/mm	Q	R	K$_谷$	K$_粗$	K$_细$	i$_谷粗$	i$_细$
60	153	5.10	0.587	0.131	0.087	137	149
65	179	4.70	0.619	0.164	0.109	117	127
70	208	4.27	0.663	0.196	0.131	101	109
75	237	3.91	0.697	0.229	0.153	88	96
80	272	3.61	0.731	0.262	0.175	77	84
85	306	3.33	0.756	0.295	0.196	69	74
90	344	3.10	0.784	0.327	0.218	61	66
95	383	2.86	0.824	0.360	0.240	55	59
100	424	2.70	0.847	0.393	0.262	50	54
105	468	2.55	0.874	0.426	0.284	45	49
110	513	2.38	0.908	0.458	0.306	41	44
115	561	2.26	0.946	0.491	0.327	37	40
120	610	2.16	0.983	0.524	0.349	34	37
125	663	2.07	1.006	0.556	0.371	32	34
130	717	1.98	1.035	0.589	0.393	29	32
135	773	1.89	1.064	0.622	0.415	27	29
140	831	1.79	1.092	0.656	0.436	25	27
145	892	1.69	1.120	0.687	0.458	24	25
150	954	1.64	1.147	0.720	0.480	22	24
155	1019	1.57	1.174	0.753	0.502	21	22
160	1086	1.52	1.193	0.786	0.524	19	21
170	1220	1.39	1.230	0.853	0.567	17	18
180	1375	1.34	1.280	0.916	0.611	15	16
190	1532	1.21	1.330	0.981	0.655	13	14
200	1698	1.13	1.360	1.041	0.698	12	13

续表

风速/（m/s）	16						
动压力/mmH₂O	15.7						
D/mm	符号						
	Q	R	K谷	K粗	K细	i谷粗	i细
60	163	5.77	0.532	0.120	0.080	147	159
65	191	5.17	0.563	0.150	0.100	125	135
70	222	4.78	0.596	0.180	0.120	108	117
75	254	4.39	0.627	0.210	0.140	94	102
80	290	4.04	0.665	0.240	0.160	83	89
85	327	3.73	0.688	0.270	0.180	73	79
90	366	3.48	0.711	0.300	0.200	65	71
95	408	3.29	0.740	0.330	0.220	59	63
100	452	3.06	0.771	0.360	0.240	53	57
105	499	2.85	0.795	0.391	0.260	48	52
110	547	2.71	0.824	0.420	0.280	44	47
115	598	2.57	0.856	0.451	0.300	40	43
120	651	2.44	0.891	0.481	0.320	37	40
125	707	2.32	0.911	0.511	0.340	34	37
130	764	2.19	0.939	0.541	0.360	31	34
135	824	2.08	0.968	0.571	0.381	29	31
140	886	2.02	0.993	0.601	0.401	27	29
145	951	1.91	1.017	0.631	0.421	25	27
150	1018	1.86	1.040	0.661	0.441	24	25
155	1087	1.76	1.064	0.691	0.461	22	24
160	1158	1.69	1.087	0.721	0.481	21	22
170	1308	1.55	1.130	0.781	0.521	18	20
180	1467	1.45	1.170	0.841	0.563	16	18
190	1634	1.36	1.220	0.901	0.602	14	16
200	1811	1.27	1.240	0.965	0.644	13	14
风速/（m/s）	17						
动压力/mmH₂O	17.9						
D/mm	符号						
	Q	R	K谷	K粗	K细	i谷粗	i细
60	173	6.44	0.498	0.111	0.074	156	169

续表

风速/（m/s）	17						
动压力/mmH₂O	17.9						
D/mm	符号						
	Q	R	$K_谷$	$K_粗$	$K_细$	$i_{谷粗}$	$i_细$
65	203	5.83	0.526	0.138	0.092	133	144
70	235	5.38	0.557	0.166	0.111	115	124
75	270	4.90	0.596	0.194	0.129	100	108
80	308	4.51	0.625	0.221	0.148	88	95
85	247	4.17	0.642	0.249	0.166	78	84
90	389	3.92	0.664	0.277	0.185	69	75
95	434	3.67	0.690	0.305	0.203	62	67
100	481	3.42	0.718	0.333	0.222	56	61
105	529	3.22	0.743	0.360	0.240	51	55
110	582	3.04	0.772	0.388	0.259	46	50
115	636	2.86	0.803	0.416	0.277	42	46
120	692	2.74	0.832	0.444	0.296	40	42
125	751	2.59	0.852	0.471	0.314	36	39
130	812	2.47	0.879	0.499	0.333	33	36
135	876	2.34	0.906	0.527	0.351	31	33
140	942	2.25	0.930	0.554	0.370	29	31
145	1010	2.15	0.951	0.582	0.388	27	29
150	1081	2.08	0.972	0.610	0.403	25	27
155	1155	1.97	0.993	0.638	0.425	23	25
160	1231	1.91	1.013	0.665	0.444	22	24
170	1390	1.75	1.060	0.720	0.481	21	21
180	1558	1.62	1.100	0.776	0.519	17	19
190	1736	1.53	1.140	0.831	0.556	17	17
200	1924	1.43	1.170	0.888	0.592	15	15
风速/（m/s）	18						
动压力/mmH₂O	19.8						
D/mm	符号						
	Q	R	$K_谷$	$K_粗$	$K_细$	$i_{谷粗}$	$i_细$
60	183	7.04	0.469	0.103	0.069	165	179
65	215	6.39	0.495	0.128	0.086	141	152

风速/（m/s）	18						
动压力/mmH₂O	19.8						
	符号						
D/mm	Q	R	$K_谷$	$K_粗$	$K_细$	$i_{谷粗}$	$i_细$
70	249	5.83	0.524	0.154	0.103	121	131
75	286	5.39	0.552	0.180	0.120	106	115
80	326	4.96	0.586	0.205	0.137	93	100
85	368	4.56	0.604	0.231	0.154	82	89
90	412	4.26	0.626	0.251	0.171	73	79
95	459	3.98	0.655	0.282	0.188	66	71
100	509	3.75	0.685	0.308	0.205	59	64
105	561	3.55	0.702	0.334	0.223	54	58
110	616	3.33	0.727	0.360	0.240	49	53
115	673	3.15	0.756	0.385	0.257	45	48
120	733	2.99	0.785	0.411	0.274	41	45
125	795	2.82	0.805	0.437	0.291	38	41
130	860	2.72	0.828	0.462	0.308	35	38
135	927	2.58	0.852	0.488	0.325	33	35
140	997	2.46	0.874	0.514	0.342	30	33
145	1070	2.36	0.896	0.539	0.360	28	31
150	1145	2.26	0.918	0.565	0.377	26	29
155	1223	2.18	0.939	0.591	0.394	25	27
160	1303	2.08	0.956	0.616	0.411	23	25
170	1472	1.94	1.003	0.668	0.446	21	22
180	1643	1.84	1.048	0.714	0.479	18	19
190	1840	1.73	1.092	0.772	0.514	16	18
200	2038	1.63	1.136	0.823	0.548	15	16
风速/（m/s）	19						
动压力/mmH₂O	22.1						
	符号						
D/mm	Q	R	$K_谷$	$K_粗$	$K_细$	$i_{谷粗}$	$i_细$
60	193	7.73	0.448	0.092	0.064	174	188
65	227	7.04	0.471	0.119	0.080	148	161
70	263	6.41	0.500	0.143	0.096	128	138

风速/（m/s）	19						
动压力/mmH$_2$O	22.1						
D/mm	符号						
	Q	R	K$_谷$	K$_粗$	K$_细$	i$_谷粗$	i$_细$
75	302	5.60	0.526	0.167	0.112	111	121
80	344	5.41	0.558	0.191	0.127	98	106
85	388	5.04	0.577	0.215	0.143	88	94
90	435	4.66	0.598	0.239	0.159	77	84
95	485	4.40	0.623	0.263	0.175	69	75
100	537	4.11	0.646	0.287	0.191	63	68
105	592	3.89	0.667	0.311	0.207	57	61
110	650	3.67	0.693	0.335	0.223	52	56
115	711	3.48	0.722	0.358	0.239	47	51
120	774	3.29	0.747	0.382	0.255	44	47
125	839	3.11	0.767	0.406	0.271	40	43
130	908	2.98	0.791	0.430	0.287	37	40
135	979	2.86	0.815	0.454	0.303	34	37
140	1053	2.72	0.836	0.478	0.319	32	35
145	1129	2.61	0.856	0.502	0.335	30	32
150	1209	2.50	0.876	0.526	0.351	28	30
155	1291	2.39	0.897	0.550	0.366	26	28
160	1376	2.29	0.913	0.574	0.384	24	26.5
170	1530	2.18	0.957	0.622	0.414	22	23.5
180	1745	2.36	1.000	0.669	0.447	19	21
190	1942	1.91	1.042	0.717	0.478	17	18.8
200	2150	1.81	1.083	0.765	0.510	16	17
风速/（m/s）	20						
动压力/mmH$_2$O	24.4						
D/mm	符号						
	Q	R	K$_谷$	K$_粗$	K$_细$	i$_谷粗$	i$_细$
60	204	8.45	0.425	0.089	0.060	183	198
65	239	7.64	0.449	0.111	0.074	156	169
70	277	7.04	0.476	0.134	0.089	135	146
75	318	6.37	0.501	0.156	0.104	111	127

风速/（m/s）	20						
动压力/mmH₂O	24.4						
D/mm	符号						
	Q	R	$K_谷$	$K_粗$	$K_细$	$i_{谷粗}$	$i_细$
80	362	5.91	0.531	0.179	0.119	103	112
85	409	5.45	0.549	0.201	0.134	91	99
90	458	5.12	0.568	0.223	0.149	81	88
95	510	4.81	0.590	0.246	0.164	73	79
100	565	4.47	0.615	0.268	0.179	66	71
105	623	4.23	0.635	0.290	0.193	60	65
110	684	3.98	0.659	0.313	0.208	55	59
115	749	3.79	0.685	0.335	0.223	50	54
120	814	3.60	0.712	0.357	0.238	46	50
125	883	3.42	0.728	0.380	0.253	42	46
130	955	3.22	0.751	0.402	0.268	39	42
135	1030	3.12	0.774	0.424	0.283	36	39
140	1108	2.93	0.795	0.447	0.298	34	36
145	1189	2.85	0.814	0.469	0.313	31	34
150	1272	2.69	0.834	0.491	0.328	29	32
155	1359	2.61	0.852	0.514	0.342	27	30
160	1448	2.50	0.868	0.536	0.357	26	28
170	1635	2.39	0.912	0.581	0.387	23	25
180	1837	2.22	0.952	0.626	0.417	20	22
190	2045	2.10	0.993	0.670	0.447	18	20
200	2263	1.98	1.034	0.714	0.477	17	18
风速/（m/s）	21						
动压力/mmH₂O	27.0						
D/mm	符号						
	Q	R	$K_谷$	$K_粗$	$K_细$	$i_{谷粗}$	$i_细$
60	214	9.23	0.410	0.084	0.056	192	208
65	251	8.34	0.431	0.105	0.070	164	177
70	291	7.61	0.459	0.126	0.084	141	153
75	334	7.01	0.483	0.146	0.098	123	134
80	370	6.46	0.511	0.167	0.112	108	117

续表

风速/（m/s）	21						
动压力/mmH₂O	27.0						
D/mm	符号						
	Q	R	$K_谷$	$K_粗$	$K_细$	$i_{谷粗}$	$i_细$
85	429	5.96	0.528	0.188	0.126	96	104
90	481	5.61	0.548	0.209	0.139	86	93
95	536	5.19	0.569	0.230	0.153	77	83
100	594	4.87	0.592	0.251	0.167	69	75
105	655	4.59	0.612	0.272	0.181	63	68
110	718	4.37	0.635	0.293	0.190	57	62
115	785	4.11	0.661	0.314	0.209	52	57
120	855	3.94	0.684	0.335	0.223	48	52
125	928	3.72	0.702	0.356	0.237	44	48
130	1003	3.53	0.724	0.377	0.251	41	44
135	1082	3.37	0.746	0.398	0.265	38	41
140	1163	3.24	0.766	0.418	0.279	35	38
145	1248	3.09	0.785	0.439	0.293	33	36
150	1336	2.97	0.803	0.460	0.307	31	33
155	1427	2.86	0.821	0.481	0.321	29	31
160	1520	2.71	0.835	0.502	0.335	27	29
170	1718	2.60	0.877	0.544	0.363	24	26
180	1929	2.43	0.916	0.586	0.391	21	23
190	2145	2.30	0.955	0.628	0.418	19	21
200	2378	2.21	0.994	0.669	0.447	17	19
风速/（m/s）	22						
动压力/mmH₂O	29.6						
D/mm	符号						
	Q	R	$K_谷$	$K_粗$	$K_细$	$i_{谷粗}$	$i_细$
60	224	10.07	0.396	0.079	0.052	207	218
65	263	9.12	0.417	0.098	0.066	172	186
70	305	8.29	0.440	0.118	0.077	148	160
75	350	7.61	0.464	0.138	0.092	129	140
80	398	7.02	0.493	0.157	0.105	113	123
85	449	6.49	0.510	0.177	0.118	100	109

续表

风速/（m/s）	22						
动压力/mmH₂O	29.6						
D/mm	符号						
	Q	R	$K_谷$	$K_粗$	$K_细$	$i_{谷粗}$	$i_细$
90	504	6.04	0.528	0.197	0.131	90	97
95	561	5.63	0.548	0.216	0.144	80	87
100	622	5.32	0.572	0.236	0.157	73	79
105	686	5.01	0.590	0.256	0.170	66	71
110	753	4.74	0.613	0.275	0.184	60	65
115	821	4.47	0.637	0.295	0.200	55	59
120	896	4.24	0.661	0.315	0.210	50	55
125	972	4.09	0.678	0.334	0.223	46	50
130	1051	3.85	0.3699	0.354	0.236	43	46
135	1133	3.70	0.720	0.374	0.249	40	43
140	1219	3.50	0.739	0.393	0.262	37	40
145	1308	3.35	0.757	0.413	0.275	34	37
150	1400	3.23	0.775	0.432	0.288	32	35
155	1495	3.11	0.793	0.452	0.302	30	33
160	1593	2.93	0.806	0.472	0.315	28	31
170	1800	2.81	0.848	0.512	0.341	25	27
180	2020	2.64	0.885	0.551	0.367	22	24
190	2247	2.49	0.922	0.591	0.394	20	22
200	2490	2.38	0.960	0.630	0.419	18	20
风速/（m/s）	23						
动压力/mmH₂O	32.4						
D/mm	符号						
	Q	R	$K_谷$	$K_粗$	$K_细$	$i_{谷粗}$	$i_细$
60	234	10.94	0.385	0.074	0.049	211	228
65	275	9.88	0.407	0.093	0.062	180	194
70	319	9.00	0.436	0.112	0.074	155	168
75	367	8.23	0.453	0.130	0.087	135	146
80	416	7.61	0.480	0.148	0.098	119	128
85	470	7.06	0.496	0.167	0.110	105	114
90	527	6.54	0.514	0.185	0.124	94	101

风速/（m/s）				23			
动压力/mmH₂O				32.4			
D/mm	符号						
	Q	R	$K_谷$	$K_粗$	$K_细$	$i_谷粗$	$i_细$
95	587	6.15	0.537	0.204	0.136	84	91
100	650	5.67	0.561	0.223	0.148	76	82
105	717	5.41	0.575	0.241	0.161	69	74
110	770	5.05	0.596	0.260	0.173	63	68
115	860	4.79	0.620	0.278	0.185	57	62
120	936	4.57	0.644	0.297	0.198	53	57
125	1016	4.31	0.657	0.315	0.210	49	52
130	1099	4.14	0.678	0.334	0.223	45	49
135	1185	4.02	0.698	0.352	0.235	42	45
140	1274	3.79	0.718	0.371	0.247	39	42
145	1367	3.63	0.736	0.389	0.260	36	39
150	1463	3.47	0.753	0.408	0.272	34	37
155	1562	3.30	0.771	0.426	0.284	32	34
160	1665	3.21	0.785	0.445	0.300	30	32
170	1881	2.96	0.820	0.479	0.319	26	28
180	2109	2.76	0.860	0.515	0.344	23	25
190	2350	2.58	0.890	0.552	0.368	21	23
200	2604	2.42	0.930	0.589	0.393	19	20
风速/（m/s）				24			
动压力/mmH₂O				35.3			
D/mm	符号						
	Q	R	$K_谷$	$K_粗$	$K_细$	$i_谷粗$	$i_细$
60	244	11.71	0.375	0.070	0.047	220	238
65	287	10.58	0.396	0.088	0.058	188	203
70	333	9.81	0.420	0.105	0.070	162	175
75	382	8.89	0.440	0.123	0.081	141	152
80	434	8.26	0.467	0.140	0.093	124	134
85	490	7.55	0.482	0.158	0.105	111	119
90	550	7.06	0.500	0.175	0.117	98	106
95	612	6.63	0.519	0.193	0.128	88	95

续表

风速/（m/s）	24						
动压力/mmH₂O	35.3						
D/mm	符号						
	Q	R	K谷	K粗	K细	i谷粗	i细
100	679	6.17	0.539	0.210	0.140	79	86
105	748	5.82	0.558	0.228	0.152	72	78
110	821	5.43	0.580	0.245	0.164	66	71
115	898	5.22	0.604	0.263	0.175	60	65
120	977	4.94	0.627	0.280	0.187	55	60
125	1060	4.66	0.641	0.299	0.199	51	55
130	1147	4.48	0.661	0.315	0.210	47	51
135	1236	4.23	0.680	0.333	0.222	43	47
140	1330	4.09	0.698	0.350	0.234	40	44
145	1426	3.92	0.714	0.368	0.245	38	42
150	1527	3.78	0.731	0.385	0.257	35	38
155	1630	3.60	0.749	0.403	0.269	33	36
160	1738	3.46	0.763	0.420	0.280	31	34
170	1985	3.17	0.800	0.451	0.301	27	30
180	2193	2.95	0.830	0.486	0.324	24	26
190	2454	2.78	0.860	0.520	0.347	22	24
200	2716	2.58	0.890	0.555	0.370	20	21
风速/（m/s）	25						
动压力/mmH₂O	38.3						
D/mm	符号						
	Q	R	K谷	K粗	K细	i谷粗	i细
60	254	12.62	0.367	0.064	0.044	229	248
65	299	11.40	0.384	0.083	0.053	195	210
70	346	10.40	0.411	0.097	0.064	168	182
75	398	9.56	0.437	0.116	0.074	147	159
80	452	8.80	0.457	0.135	0.089	129	139
85	511	8.11	0.473	0.149	0.099	114	124
90	573	7.65	0.490	0.166	0.111	102	110
95	638	7.03	0.507	0.183	0.122	91	99
100	707	6.58	0.527	0.199	0.133	83	89

风速/（m/s）	25						
动压力/mmH$_2$O	38.3						
D/mm	符号						
	Q	R	K$_谷$	K$_粗$	K$_细$	i$_{谷粗}$	i$_细$
105	779	6.20	0.545	0.216	0.144	75	81
110	855	5.85	0.567	0.232	0.155	68	74
115	935	5.55	0.591	0.249	0.166	62	68
120	1018	5.32	0.613	0.266	0.177	57	62
125	1104	5.01	0.628	0.282	0.188	53	57
130	1197	4.78	0.647	0.299	0.199	49	53
135	1288	4.59	0.666	0.315	0.210	45	49
140	1385	4.36	0.684	0.332	0.221	42	46
145	1486	4.21	0.701	0.348	0.232	39	42
150	1590	4.02	0.718	0.365	0.243	37	40
155	1698	3.90	0.734	0.384	0.255	34	37
160	1810	3.75	0.747	0.398	0.266	32	35
170	2043	3.16	0.780	0.427	0.284	28	31
180	2290	2.94	0.810	0.464	0.306	25	28
190	2552	2.75	0.840	0.493	0.328	23	25
200	2830	2.57	0.870	0.525	0.349	21	22